缝制机械行业职业技能系列培训教材

U0157765

自动铺布机操作与维护技术

中 国 缝 制 机 械 协 会
广东元一科技实业有限公司 ◎联合编写

中国纺织出版社有限公司

内 容 提 要

本书内容涉及自动铺布机的分类、主要机构及工作原理、安装、调试、整机测试和检验、操作与使用、常见故障与维修。本书内容丰富全面，实现了一册在手，铺布机知识全覆盖。

本书可作为缝制行业技术人员的参考书。

图书在版编目（CIP）数据

自动铺布机操作与维护技术 / 中国缝制机械协会，广东元一科技实业有限公司联合编写. –– 北京：中国纺织出版社有限公司，2021.6

缝制机械行业职业技能系列培训教材

ISBN 978-7-5180-8530-9

Ⅰ.①自⋯ Ⅱ.①中⋯②广⋯ Ⅲ.①服装工业–机械设备–使用–技术培训–教材②服装工业–机械设备–维修–技术培训–教材 Ⅳ.① TS941.56

中国版本图书馆 CIP 数据核字（2021）第 083415 号

责任编辑：范雨昕　　责任校对：楼旭红
责任印制：何　建

中国纺织出版社有限公司出版发行
地址：北京市朝阳区百子湾东里A407号楼　邮政编码：100124
销售电话：010—67004422　传真：010—87155801
http: //www.c-textilep.com
中国纺织出版社天猫旗舰店
官方微博 http://weibo.com/2119887771
北京市密东印刷有限公司印刷．各地新华书店经销
2021年6月第1版第1次印刷
开本：787×1092　1/16　印张：7.25
字数：142千字　定价：198.00元

序

缝制机械是浓缩人类智慧的伟大发明。200多年来，无论是在发源地欧美，还是在如今的世界缝制设备中心——中国，缝制机械持续创新演变，结构不断优化，技术不断进步，功能不断增强，服务对象不断拓展，其对从业者的技能要求也日新月异，由此催生了无数能工巧匠。

据统计，目前全国从事缝制机械整机制造、装配、维修、服务的从业人员约有15万人。长期以来，提高缝制机械行业从业人员的技能水平和综合素养，加快行业职业技能人才队伍建设一直是中国缝制机械协会（以下简称协会）的重要任务和使命。从20世纪初开始，协会即着手联合相关企业、院所及专业机构，组织聘请各类行业专家，致力于适合行业发展状况、满足行业发展需求的新型职业技能教育体系的构建和完善。几年间，协会陆续完成行业职业技能培训鉴定分支机构体系的组建、《缝纫机装配工》国家职业标准的编制以及近百人的行业职业技能考评员师资队伍培育。2008年，《缝制机械装配与维修》职业技能培训教材顺利编写、出版，行业各类职业技能培训、鉴定及技能竞赛活动随之如火如荼地迅速开展起来。

在协会的引导和影响下，目前行业每年均有近5000名从业人员参加各类职业技能培训和知识更新，大批从业员工通过理论和实践技能的培训和学习，技艺和能力得到质的提升。截至2016年，行业已有6000余人通过职业技能考核鉴定，取得各级别的缝纫机装配工/维修工国家职业资格证书。一支满足行业发展需求、涵盖高中低梯次的现代化技能人才队伍已初具规模，并在行业发展中发挥着越来越重要的作用。

然而，相比高速发展的行业需求，当前行业技能员工整体素质依然偏低，高技能专业人才匮乏的现象仍然十分严峻。"十三五"以来，随着行业技术的快速发展，特别是新型信息技术在缝机领域的迅速普及和融合，自动化、智能化缝机设备大量涌现，行业从业人员技能和知识更新水平明显滞后，《缝制机械装配与维修》职业标准及其配套职业技能培训教材亟待更新、补充和完善。

2015年，新版《中华人民共和国职业分类大典》完成修订并正式颁布。以此为契机，协会再次启动了职业技能系列培训教材的改编和修订，在全行业广大企业和专家的支持下，通过一年多的努力，目前该套新版教材已陆续付梓，希望通过此次对职业培训内容系统化的更新和优化，与时俱进地完善行业职业教育基础体系，进一步支撑和规范行业职业教育及技能鉴定等相关工作，更好地满足广大缝机从业人员、技能教育培训机构及专业人员的实际需求。

"人心惟危，道心惟微"，优良的职业技能和职业技能人才队伍是行业实现强国梦想的重要组成部分。在行业由大变强的当下，希望广大缝机从业者继续秉承我们缝机行业所具有的严谨、耐心、踏实、专注、敬业、创新、拼搏等可贵品质，继续坚持精益求精、尽善尽美的宝贵精神，以"大国工匠"为使命担当，在新的时期不断地学习，不断地提升和完善自身的技艺和综合素质，并将其有效地落实在产品生产、服务等各个环节，为行业、为国家的发展腾飞，做出积极贡献。

中国缝制机械协会　理事长

2019年5月16日

自动铺布系统代表了当今世界铺布领域的最新科技。使用自动铺布系统，可以避免传统铺布的手工操作、耗费大量劳动力的缺点，可以节省铺布时间、节省人力和软性材料，并能适用于各种最新的、难以铺就的软性材料。

鉴于在高等院校和职业技术院校没有开设自动铺布系统相关专业的实际情况，而行业又十分缺乏懂得自动铺布机设备原理、功能及操作维修的技术人才，中国缝制机械协会组织行业骨干企业编写本书，内容涉及自动铺布机的分类、主要机构及工作原理、安装、调试、整机测试和检验、操作与使用、常见故障与维修等。本教材内容丰富全面，实现一书在手，铺布机知识全覆盖。

本书由徐小林担任主编，温军、李大明担任副主编，张晓余、尹华文、汤俊轩、郭献棠等参与编写。中国缝制机械协会和广东元一科技实业有限公司共同确定了该书的总体框架和主要内容。

由于编者水平有限，对书中出现的疏漏之处恳请各位读者给予批评指正！最后向本书参与供稿者表示感谢！

编　者

2020年9月25日

目录

第3章　铺布机安装 **50**

第4章　铺布机的调试　58

第5章　铺布机的整机测试和检验　61

第1章

铺布机的概述

铺布机又称自动铺布机、自动拉布机、拉布机、排布机、电脑铺布机，是体现机电一体化技术的高科技缝制机械设备。铺布机作为缝制设备中的一种前道工序设备，借助自动化系统提高生产效率，已经成为现代服装生产的共识，而在实现服装自动化加工的诸多环节中，自动铺布作为服装企业提高裁剪效益的关键环节，对于服装生产尤为重要。

自动铺布机广泛应用于服装、家纺、箱包等市场，并不断向汽车内饰、家居等领域渗透，而这些下游应用行业的不断扩大和持续、稳定地高增长，必然会带动缝制前道设备行业的高速增长。同时，随着下游企业规模企业制造信息化、智能化以及数字化进程的快速发展，我国自动铺布机行业也必将保持快速发展的趋势。

1.1 铺布机的诞生与发展

早在20世纪60年代末，日本川上公司就已生产出世界第一代全自动铺布机。之后，美国、法国、德国等西方国家也相继推出了各自的铺布机，到20世纪80年代末至90年代初达到鼎盛时期。那时的日本、美国、德国等发达国家的铺布机就已相当完善。

我国从20世纪80年代中期开始引进铺布机，应用的企业主要是中外合资企业，而且大部分是把铺布机作为股份投资的。改革开放以来，由于我国对外贸易的迅猛发展，服装行业设备自动化水平有了大幅度提高，铺布机的使用率也在逐年上升。但由于我国劳动力成本相对较低，加上购买铺布机的投入较高，因此，在一定程度上又阻碍了铺布机的普及和发展。

2008年以后，由于人工成本的增加、市场对产品质量要求的提高、服装企业的规模化产生，进而要求服装企业提高效率、产品标准化、降低人工成本，使自动铺布机的普及变得越来越广。

从2008年开始，广东元一投入巨大成本，自主研发元一品牌自动铺布机，元一自动铺布机拥有自动拨边装置、自动伺服送布、圆筒布装置、触控装置、智能调节松紧装置、光电智能防撞装置，全系列产品的面料兼容性极强，还支持物联网接口，以帮助企业进行大数据收集与统计，该产品一经面世即赢得了市场的高度赞誉。

随着市场经济的不断深化发展，中国经济的产业结构发生显著变化，人工红利的摊薄，劳动力成本的持续上涨，使得纺织、服装等劳动密集型企业的人工成本压力增大，使用先进设备代替人工的需求变得越来越迫切，从而为自动铺布机的推广和市场开拓提供了更大的发展机会。

自动铺布机主要由圆滚布装置、智能调节松紧装置、自动拨边装置、自动伺服展布装置、触控装置和光电智能防撞装置构成，如图1-1所示。

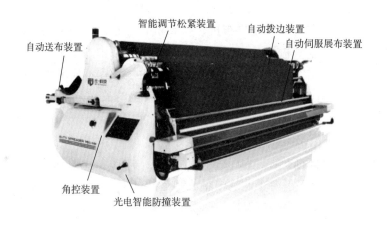

图1-1　自动铺布机

自动拨边装置能完美解决针织布料的卷边问题，实现卷边拨平、张力释放。自动伺服展布装置是自动跟随驱动展布滚轮的传动装置，精准与主伺服行走相匹配，实现无张力铺布效果；该装置基于高端芯片与高品质硬件的结合，对边精准度可控制在5mm以内。自动送布装置采用铺陈圆筒布专用布斗，可自动调节、松紧布匹张力。智能调节松紧装置能使铺布机自动完成原点归零、复位，无须人工干预。触控装置具有手机级别触控手感，图标式全新操作界面，简单直白的操作指令和人机交互，可让操作人员轻松上手。光电智能防撞装置只有可设定距离的光电感应式防撞系统，通过光电自动捕捉、识别行进过程中的障碍物，提前自动停歇。

2018年，元一科技根据市场的需求，开发出Y7S自动铺花边机，如图1-2所示。该款铺花边机拥有自动对中铺布、无张力铺布、解控装置、自动伺服送布系统、花边机专用布架等装置，开创花边铺布新方式。

花边机专用置布架，能铺陈蕾丝花边，自动调节实现位置固定。花边机自动对中铺布装置能克服不规则花边对布料、对边精度的影响，居中铺布，保证双边的对边精度。无张力铺布装置不会因花边的弹性产生误差，保证产品品质。

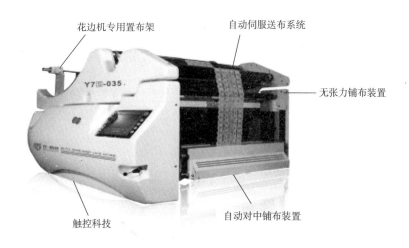

图1-2 自铺布花边机

1.2 铺布机分类

1.2.1 按自动化程度分类

1.2.1.1 手动铺布机

手动铺布机即利用人工手推，将卷装缝料或匹装缝料进行单向或往返铺叠的机器。它是由三角支架、穿布杆、轮子、手柄等组成。它的最大特点是结构简单、价格低廉；缺点是操作人员多、工作效率低、铺布质量不稳定，与采用人工铺布区别不大，多被小型服装厂采用。

1.2.1.2 半自动铺布机

半自动铺布机即操作人员借助于电动机的动力使卷装缝料或匹装缝料平整地铺叠在裁剪台上。半自动铺布机在对边、缝料的送出以及缝料切断等方面可实现自动操作。它的特点是比手动铺布机的自动化程度明显提高，铺布质量大为改善，可减少操作人员并改善劳动条件，可基本做到单边缝料整齐。其缺点是需要操作人员随机器一起运动，即人和机器不能分离，所以生产率仍然不高。长度的测定需要依靠操作人员具有一定的经验积累。这种铺布机主要用于小批量、排版长度很短的服装工厂。

1.2.1.3 全自动铺布机

自动铺布机是采用计算机控制、可使卷装或匹装缝料自动铺叠并自动切断的机器。该铺布机通常由自动行走装置、自动松布装置、自动送料装置和张力自动控制系统、自动切刀装置、自动对边装置、布料层数自动计数器、自动提升装置、布尾感应装置、单向压布装置、往返压布装置、匹布专用台等构成。

该设备最大的特点是自动化、智能化程度高，铺布过程中不需要人工操作，仅需按

"开始键"或踏板就能进行工作，甚至是全自动工作，可节约大量劳动力。铺布速度快的同时还能保证面料平坦、无张力，生产效率较人工和半自动铺布机大幅度提升。

1.2.2 按铺叠面料的种类与特性分类

按铺叠面料的种类与特性不同，自动铺布机可分为针织弹力缝料用铺布机、针梭织缝料兼用铺布机和特殊缝料用铺布机。

1.2.3 按铺布机面料宽度分类

按铺布机面料宽度不同，自动铺布机可分为160型号铺布机、190型号铺布机、210型号铺布机和特殊规格型号铺布机，它们的铺布面料宽度分别为1600mm、1900mm、2100mm，特殊规格型号是根据用户需求定制铺布宽度的铺布机。

1.3 铺布机的铺布方式

服装铺布是服装生产中的重要环节，根据面料与服装的特点，按铺布方式分类铺布机主要分为单向铺布和双向铺布两种。

1.3.1 单向铺布

此铺布的方式是布料全部正面向上或反面向上，是单层一个面向上的铺布形式，将一层面料从所需长度铺到原点切断，然后将布推到所需的长度再铺，重复运作，直至铺完布料为止，如图1-3所示。

这是一种最为普通的铺布方式，服装左右衣片有不对称现象、面料有倒顺方向时，必须采用这种铺布方式。

1.3.2 双向铺布

双向铺布又称来回折叠铺布，它是将面料正反交替展开，形成层与层之间面与面相对、里与里相对的形式，它又可分为之字形双向铺布和切割翻转双向铺布两种方式。

1.3.2.1 之字形双向铺布

此方式是把面料从原点铺到所需的长度后不裁剪又直接折回原点再铺，如此循环反复，如图1-4所示。

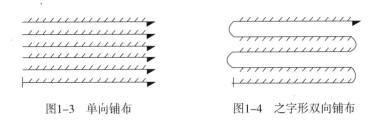

图1-3 单向铺布　　　　　　　图1-4 之字形双向铺布

这种铺布方式具有无倒顺的特点，其上下两层布料衣片的倒顺方向是相反的，不可以用于有倒顺毛与倒顺方向的面料铺叠，由于是之字形折叠铺布，减少了布料的裁剪次数，因此这种方法不但可以在一定程度上提高铺布效率，还可以节省布料。但对于较厚的布料或刚性较大的布料铺叠时难以压平两端，会使布料两端高出中间，这就不便于后续的裁剪，因此同样需要切割布料，则不适用于这种铺布方式。

1.3.2.2　切割翻转双向铺布

这种铺布方式是将一层面料从所需的长度点，铺回到原点以后裁断，机头翻转180°，然后又从所需长度点铺回原点裁断翻转，如此反复，如图1-5所示。

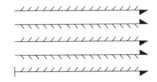

图1-5　切割翻转双向铺布

这种铺布方式具有折转双向铺布的优点，同时解决了折转面料上下两层方向不一致的缺点，可以适用于有倒顺方向布料的铺叠，并且由于布料是按照梭架长度切割的，因此也适用于厚布料和刚性大的布料，但由于需要往复翻转，会大大增加铺布的工作量。

除了上述几种铺布方式外，还有多段式铺布、金字塔式铺布等，在实际生产过程中，要根据客户的现场实际情况灵活使用。

1.4　铺布机的作用及主要装置

1.4.1　铺布机的作用

铺布机可实现铺布裁剪工序自动化，将自动设计、推挡、排料、切割、裁剪等服装加工自动化新技术应用其中，是服装企业提高裁剪车间效率的关键环节，决定成衣的精度及用料的利用率，直接关系到产品的质量和成本，影响企业的经济效益。

1.4.1.1　省人

铺布机可以克服传统铺布的手工操作、耗费大量劳动力的缺点。一台全自动铺布机日均10h预计铺布8000~9000m；如果来回铺布，日均预计铺布10000~12000m。如此平稳的产能，相当于5~6人的产量，一台铺布机可以节省操作工4~5人。

1.4.1.2　省料

铺布机采用三边对齐、无张力铺布，确保头尾断刀整齐。假设一层布料头尾各节省5mm，每150层一床铺布可以节省1.5m面料，1天如果铺布6床，等于节省9m布。按照一年330天计算，相当于一年可节省面料2970m。

1.4.1.3　省钱

如果按照一名操作工的年薪4万~4.5万元计算，节省4~5人，意味着一年节省人工费用16万~22.5万元。

1.4.1.4　高品质

无张力的铺布模式，去除了面料的皱褶、释放了面料的张力，确保面料无张力，从而提高产品品质。斗式自动松布装置能及时、快速地将面料进行放松、充分释放面料张力。

在此过程中，还可修正面料的歪料，减少铺布过程中面料的损耗。组合滚筒送出面料的同时，组合滚筒能把面料按幅度方向展开，去除面料褶皱。

1.4.1.5　省时间

铺布机的应用可缩短裁剪等待时间，提高生产效率。

1.4.1.6　能适用各种新的、难以铺就的缝料

困难的面料也能在稳定的状态下送出。为了能够稳定地送出容易产生负荷的面料，采用输送带式面料送出装置。输送带部位的振动装置能够使面料送出时的张力得到释放，从而使面料铺陈的质量更加稳定。

1.4.1.7　操作和设定简单

在液晶触摸式操作屏上，可简便地进行铺布长度设定、位相铺布、铺布总层数等各种铺布机条件的设定。

1.4.2　铺布机的主要装置

（1）触控装置。触控装置能简易设定铺布长度、方式、数量、速度及段落等参数。

（2）展布装置。展布装置可随布料的长度及张力作有效的展力调整，使铺布不产生皱褶现象。

（3）切刀装置。切刀和主机可以简单地进行拆装，布料切断时可以依布宽设定裁刀行走距离及切断速度。

（4）压布装置。压布装置可作单向及往返铺布。

（5）自动布料预松装置。自动布料预松装置可做到先松布再铺放，消除铺布张力并保持铺布品质的一致性。

（6）电眼自动对边装置。电眼自动对边装置在铺布顺序运作过程中可以正确做到自动对边。

（7）布尾感应器装置。布尾感应器装置可在布料铺完时控制主机自动停止运作，并自动驶回固定点。

（8）自动上升装置。自动上升装置可依布料厚度设定上升量，配合铺布。

第2章

铺布机的主要机构及工作原理

2.1 整机构成

铺布机是缝制企业用来将卷装或匹装缝料无张力地铺叠在裁剪台上所使用的设备，目前在缝制行业中使用的主要为全自动铺布机。常见全自动铺布机整机构成如图2-1所示。

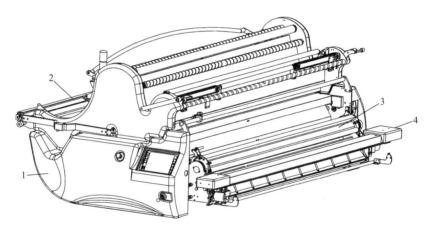

图2-1 整机结构

1—下主机 2—上主机 3—展布装置 4—切刀装置

2.2 主要机构及工作原理

自动铺布机机构中由主要机构和辅助机构两大部分组成，自动铺布机按铺叠缝料的种类和特性又可分为针织弹力缝料用铺布机、针梭织缝料兼用铺布机、特殊缝料用铺布机。图2-2为典型的针梭织缝料兼用铺布机外形结构图。广东元一科技实业有限公司生产的针梭织缝料兼用Y11S自动铺布机，其组成包括：自动控制系统、自动行走装置、拖布杆、自动送布装置、匹布分层装置、自动松布装置、拨边装置、展布装置及切刀装置。

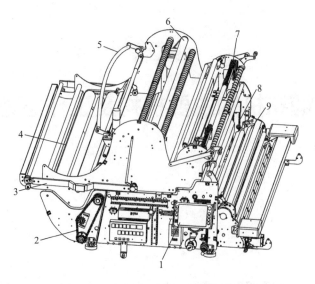

图2-2　针梭织缝料兼用铺布机外形结构图

1—自动控制系统　2—自动行走装置　3—拖布杆　4—自动送布装置　5—匹布分层装置
6—自动松布装置　7—拨边装置　8—展布装置　9—切刀装置

2.2.1　上主机机构

上主机的作用是实现自动铺布机的自动送布、自动松布和自动对边，配合下主机机构完成自动铺布动作。上主机机构由自动送布装置、自动松布装置、自动对边装置及拖布杆组成，如图2-3所示。

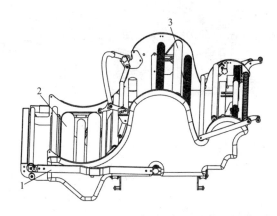

图2-3　上主机机构

1—拖布杆　2—自动送布装置　3—自动松布装置

自动送布装置由多根支撑管组合形成一个以放置卷装缝料的布斗形式，电动机驱动皮带轮，由皮带传动带动布斗支撑花管转动，布斗支撑花管带动卷装缝料转动，实现自动送布功能，如图2-4所示。

自动松布装置由电动机、解布滚轮和助落滚轮组成，安装于上主机机构顶部；电动机驱动皮带轮由皮带传动带动解布滚轮转动，解布滚轮转动由皮带传动带动助落滚轮转动，实现缝料经解布滚轮自动松布功能，如图2-5所示。

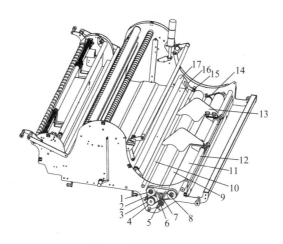

图2-4 自动送布装置

1—花管轴心 2—布斗皮带 3—电动机 4—同步带轮 5—电动机固定柱 6—布斗皮带惰轮 7—中滚轮A侧轴心
8—皮带盖 9—中滚轮 10—布斗连接管 11—布斗花管 12—挡布板固定管 13—挡布板 14—PU带盖 15—惰轮臂柱
16—惰轮臂 17—惰轮

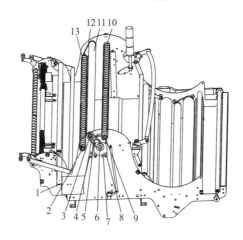

图2-5 自动松布装置

1—解布槽 2—助落滚轮B侧轴心 3—解布滚轮轴心 4—解布槽方管 5—解布PU带 6—PU带轮 7—解布电动机
8—解布电动机固定柱 9—支撑滚轮端塞 10—支撑滚轮 11—解布滚轮 12—助落PU带 13—助落滚轮A侧轴心

　　自动对边装置由对边单元、对边电动机，齿轮和齿条组成，对边单元接收信号反馈给对边电动机，对边电动机驱动齿轮作顺时针或逆时针转动，齿条带动上主机机构沿支撑管做左右往复运动，实现自动对边功能，如图2-6所示。

　　拖布杆由拖布杆扁管A、拖布杆扁管B、拖布杆轴管和拖布杆管组成，拖布杆扁管A和拖布杆扁管B一端分别连接在拖布杆轴管两端，拖布杆管安装在拖布杆扁管A和拖布杆扁管B另一端，拖布杆管以拖布杆轴管为支点进行圆周运动，将布料从自动送布装置绕过自动松布装置，送到上主机机构前方，如图2-7所示。

2.2.2 下主机机构

　　下主机机构是上主机机构的支撑和底架，用以实现自动铺布机自动行走，保证自动铺

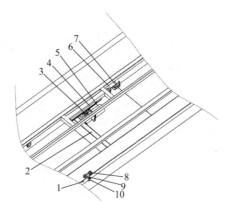

图2-6　自动对边装置

1—对边单元　2—对边电动机座　3—对边齿轮　4—对边齿条　5—对边电动机　6—对边行程开关座板
7—对边行程开关　8—对边电眼　9—对边电眼板　10—对边电眼固定块

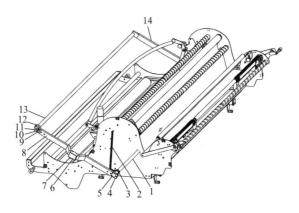

图2-7　拖布杆

1—拖布杆轴　2—拖布杆拉簧　3—拖布杆拉簧柱　4—拖布杆臂头　5—拖布杆轴管盖　6—寸动按钮盒
7—按钮　8—拖布杆扁管A　9—拖布杆止转栓　10—拖布杆止转栓柱　11—拖布杆臂
12—拖布杆止转圈套　13—拖布杆　14—拖布杆扁管B

布机可以自动完成铺布动作。

下主机机构由机壁、支撑管、自动行走装置、自动提升装置和自动控制系统组成，如图2-8所示。

自动行走装置是由链条和链轮组成的链条传动机构，电动机驱动链轮，通过链条传递至驱动轴上的链轮，带动驱动轴转动，再通过链条传递至行走轮上的链轮，带动行走轮在铺布台板上自动行走，如图2-9所示。

自动提升装置是由链条和链轮组成的链条传动机构，电动机驱动链轮，通过链条传递至升降轴上的链轮，带动升降轴转动，通过链条带动升降连接器和升降臂沿升降轨道做升降运动，如图2-10所示。

2.2.3　展布装置

展布装置的作用是展开布料，消除布料的皱褶、压痕和内应力，使铺好后的布料平

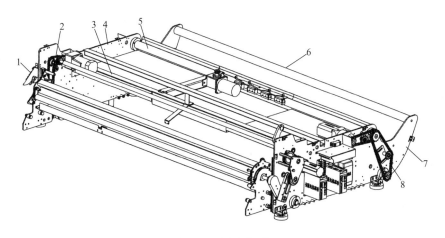

图2-8　下主机机构

1—自动控制系统　2—自动提升装置　3—前支撑管　4—机壁A　5—中支撑管　6—尾杆管　7—机壁B　8—自动行走装置

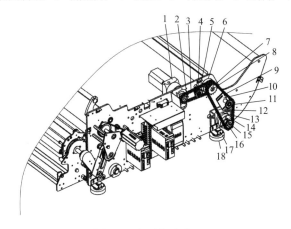

图2-9　自动行走装置

1—行走电动机　2—行走电动机链轮　3—行走电动机链条　4—行走电动机调节链轮　5—行走电动机链条调节轴
6—法兰盘　7—驱动轴心链轮　8—驱动轴心　9—行走链条　10—惰链轮固定座　11—惰链轮　12—驱动轮轴承座
13—行走轮　14—法兰　15—行走轮轴套　16—行走轮链轮　17—导轮座　18—导滑轮

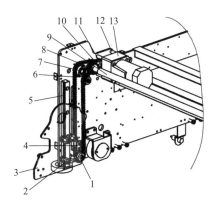

图2-10　自动提升装置

1—升降下链轮　2—升降608轴　3—升降臂　4—升降链条连接器　5—升降轨道　6—升降链条　7—升降上链轮
8—升降轴链轮　9—升降轴　10—升降电动机链条　11—升降电动机链轮　12—升降电动机固定柱　13—升降电动机

整、稳定。

展布装置由在圆筒上均匀分布多个叶片的滚筒组成，每个叶片粘贴泡绵，电动机的动力通过曲臂皮带轮组，传递给展布滚筒轴端的同步轮，从而带动展布滚筒转动，如图2-11、图2-12所示。

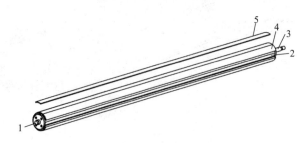

图2-11 展布装置（一）

1—展轮轴A　2—十六边滚轮　3—展轮轴B　4—叶片　5—泡绵

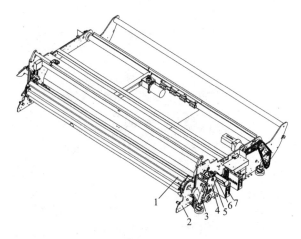

图2-12 展布装置（二）

1—展布装置　2—升降臂　3—曲臂皮带轮组　4—吐布外侧板
5—吐布电动机同步带　6—吐布电动机同步带轮　7—吐布电动机

2.2.4 切刀装置

切刀装置的作用是单向式铺布时，将一层面料从所需的长度铺到原点切断。

切刀装置由切刀组件、切刀侧壁、滑板和切刀行走装置组成，如图2-13所示。

铺布机在铺布时，铺到一定长度后，由铺布机的电控装置控制切刀行走装置带动切刀组件移动，同时切刀组件通过电动机驱动转动，切刀装置通过移动和转动来实现把面料切断，在面料切断后，再由行走装置驱动切刀组件回到零点位置。

2.3 辅助机构

辅助机构出拨边装置、匹布装置、往返压布装置、单向压布装置、双拉折叠装置、站

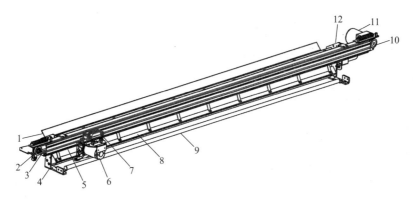

图2-13 切刀装置

1—滑板 2—带叉同步带轮 3—开口同步带 4—切刀壁A 5—电轨 6—切刀组件 7—切刀行走装置
8—压布条 9—扫风杆 10—裁刀同步带轮 11—裁刀行走电动机 12—切刀壁B

人平台、铺布台板组成。

2.3.1 拨边装置

拨边装置是安装在铺布机的展布装置前方的两侧边和切刀装置部位两侧边，包括主皮带轮传动组件、从动皮带轮传动组件、皮带轮和电动机，皮带绕在主皮带轮传动组件和从动皮带轮传动组件上形成一闭环结构。电动机驱动皮带轮转动带动主皮带轮传动组件和从动皮带轮传动组件转动，闭环的皮带向外侧传动，皮带的外表面具有齿状的粗糙面，从而实现将布料的卷边拨开，如图2-14所示。

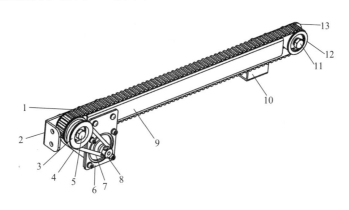

图2-14 拨边装置

1—同步带 2—拨边装置固定板 3—拨边皮带轮1 4—拨边电动机 5—拨边皮带轮轴心1
6—拨边电动机固定板 7—PU带 8—拨边电动机皮带轮 9—拨边皮带壳 10—拨边皮带壳固定板
11—拨边皮带轮轴心2 12—拨边皮带轮2 13—拨边皮带轮固定板

2.3.1.1 拨边装置的作用

拨边装置的作用是把针织弹性卷边的布料的卷边拨开，保证布料能平整铺于台板上。拨边装置主要应用于一些布料有卷边的情况，如图2-15所示。

卷边是布边自然向布身收缩卷起的现象。产生卷边的主要原因是弹力纱的自然收缩性

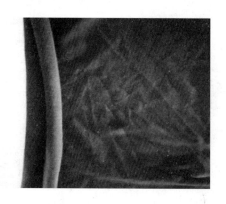

图2-15 卷边布料

比非弹力纱大得多，如果布边与布身的厚度相差较大，或者布边锁边不良导致布边组织松散等都会更容易出现卷边现象。

2.3.1.2 拨边装置的工作原理

卷边布料的边缘从拨边皮带的上方经过，拨边电动机顺时针旋转（对侧逆时针旋转），经过皮带传动给传动轮，从而带动拨边皮带顺时针旋转，布料的卷边边缘因皮带外表面具有齿状的粗糙面带动起到一个拨边的作用。

但用久后会出现拨边皮带疲劳松弛，可以合理调节松紧调整轮的距离来调节拨边皮带的松紧程度。

2.3.2 匹布分层装置

匹布分层装置的作用是将多层黏结在一起的匹状布料平整地铺于铺布台上。

匹布分层装置包括安装在上机壁两侧对称的支撑板、撕开管臂、在两对称支撑板之间的撑开弧形管和撕开管。当铺布机工作时，布料从撕开管的下方沿撕开管由下向上经撑开弧形管的上方将布料送出，从而实现将黏结的匹状布料分开能平整地铺于铺布台上，如图2-16所示。

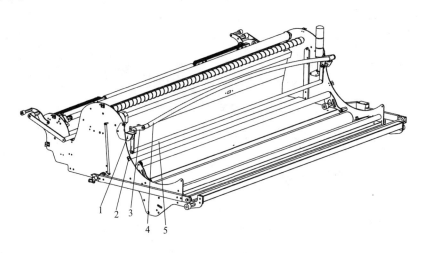

图2-16 匹布分层装置

1—支撑板 2—撕开管臂 3—撑开弧形管臂 4—撑开弧形管 5—撕开管

2.3.3 往返压布装置

往返压布装置的作用是使铺布机在工作时，能在铺布台上来回移动，将面料呈连续性的折叠状态铺叠于铺布台上，如图2-17所示。

往返压布装置包括移折器装置和固折器装置，如图2-18、图2-19所示，分别设置在自

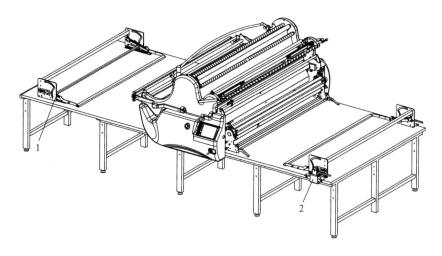

图2-17 往返压布装置

1—固折器 2—移折器

动铺布机两端的铺布台上。移折器装置是随铺布长度设定在铺布台上，用于定位压住起点处布料边。固折器是固定设在铺布机的起始端铺布台上，用于定位压住终点处布料边。

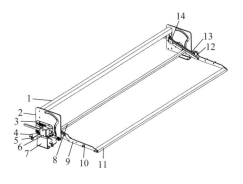

图2-18 移折器装置

1—支撑管 2—移固折器壁 3—移固折器壁垫板 4—移折器定位座 5—定位座短轴 6—移折器锁紧组件
7—移折器锁紧固定板 8—移固折器升降轴管 9—移折器针板臂 10—水平培林轴 11—移固折器压布管
12—移固折器升降臂 13—持平六角棒 14—持平板

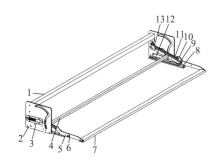

图2-19 固折器装置

1—支撑管 2—移固折器壁 3—移固折器壁垫板 4—移固折器升降轴管 5—固折器针板臂 6—水平培林轴
7—移固折器压布管 8—固折器滑座底板 9—固折器滑座上压板 10—移固折器升降臂 11—持平六角棒
12—固折器定位角铁 13—持平板

2.3.4　单向压布装置

单向压布装置是用于单向式铺布时，定位压住起点处布料边，使布料不会随着铺布机向后滑动，从而影响两端面的整齐度。

单向压布装置主要通过移折器装置和切刀装置的配合来完成单向压布的功能。单向式铺布时，移折器装置设定在铺布长度的铺布台上，定位压住起点处布料边，如图2-20所示。

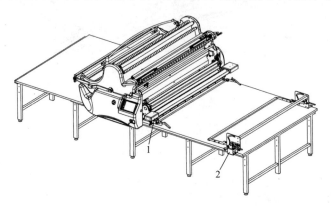

图2-20　单向压布装置

1—切刀装置　2—移折器装置

2.3.5　双拉折叠装置

双拉折叠装置的作用是铺布机在工作时无须往返压布装置，能将布料不分正反面，走完一趟后不切断折叠起来往返铺布，如图2-21所示。

图2-21　双拉折叠装置

1—漏斗挂钩　2—漏斗

2.3.6　松布机装置

织布机在编织完弹性布料时，通常会以卷筒的方式进行存放，但弹性布料在卷布的过程中会因弹性而处于一个绷紧的状态，这样机器在运作过程中，布料会具有一定的张力，容易形成皱褶或头尾处距离回收缩短的现象，如图2-22所示。

松布机装置的工作原理就是把布卷放置在夹放布机构上的两根松布滚筒上，再将布卷前端的布头向上绕过前一根松布滚筒，经解布滚轮进入摆布机构，从摆布机构下部开口穿出后，启动松布机，布匹就会随着摆布机构整齐地一层层形成来回折叠的匹布状态叠放，在这种状态下，布料可以很好地消除伸缩回弹的问题，如图2-23所示。

图2-22 回缩布料

2.3.7 上布机装置

经松布机装置把卷布变成的匹布或者布料后，当难以用人手上布时，可以用上布机来代替人手上布的过程。

上布机的工作性质是把布料送到升降平台处，确保稳固后启动上布机装置，动力电动机驱动动力杆旋转，两端衔接动力杆的传动链条会随着动力杆的旋转带动升降平台上升，上升到位后再把布料送进铺布机，完成上布工序，再按复位键，平台下降返回，呈待命工作状态，如图2-24所示。

2.3.8 输送带装置

输送带装置，又称运输带，是用于皮带输送带中起承载和运送物料作用的橡胶与纤维、金属复合制品，或者是塑料和织物复合制品。

当机器运作把布料转换成为加工的一床布料后，有时一床布料长度为十几、二十米，用人手拉动容易起皱，影响加工质量，所以一般采用机器本体安装输送带，待机器铺好布料，输送带配合下步工序的送布速度，可以保证运输过程中不会产生起皱的现象，如图2-25所示。

2.3.9 站人平台

站人平台的作用是使操作者能站在铺布机上，跟随铺布机运动机构一起行进，以便观察铺布机的运行情况，并做出及时的操作。其主要包括踏板、立柱和扶手，如图2-26所示。

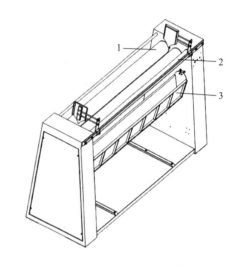

图2-23 松布机装置机构

1—松布滚筒 2—解布滚轮 3—摆布机构

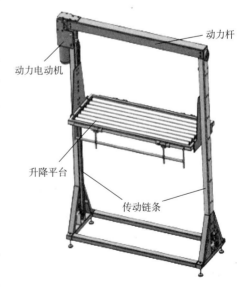

图2-24 上布机装置机构

输送平台

动力电动机

图2-25　输送带装置机构

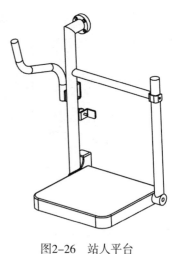

图2-26　站人平台

1—立柱　2—扶手　3—踏板

2.3.10　铺布台

　　铺布台的作用是为人工或自动铺布机提供铺料的支撑平台，为自动裁床输送缝料，是裁剪工段不可缺少的配套装备。

　　铺布台按结构和缝料传送方式可分为：普通铺布台、气浮式铺布台和履带传送式铺布台。其基本结构由支架、木质多层纤维板或密度板、不锈钢包边等组成。气浮式铺布台的特点是能在台板和所铺的缝料之间形成气垫，可以将铺在台面上的缝料很轻松地进行移动。其台面上分布着按一定规律排列的气嘴，台板下方装有气泵与空气输送管。目前在缝制行业中使用的主要为气浮式铺布台。

2.4　电控结构和工作原理

2.4.1　电路图

　　在设计电路中，工程师可从容在纸上或计算机上进行，确认完善后再进行实际安装。通过调试改进、修复错误，直至成功。采用电路仿真软件可进行电路辅助设计、虚拟的电路实验，可提高工程师的工作效率、节约时间，使实物图更直观。

2.4.1.1　电路图组成

　　电路图主要由元件符号、连线、结点、注释四大部分组成。

　　（1）元件符号表示实际电路中的元件，它的形状与实际的元件不一定相似，甚至完全不一样。但是它一般都可表示出元件的特点，而且引脚的数目都和实际元件保持一致。

　　（2）连线表示的是实际电路中的导线，但在常用的印刷电路板中往往不是线而是各种形状的铜箔块。

　　（3）结点表示几个元件引脚或几条导线之间相互的连接关系。所有和结点相连的元件引脚、导线，不论数目多少，都是导通的。

（4）注释在电路图中是十分重要的，电路图中所有的文字都可以归入注释一类。细看就会发现，在电路图的各处都有注释存在，它们被用来说明元件的型号和名称等。

2.4.1.2　电路图的绘制规则

电路图的绘制规则：一是电路图的信号处理流程方向；二是导线连接，三是电源线与地线电路图的识图方法与步骤。

电路的识别包括正确电路和错误电路的判断，串联电路和并联电路的判断。错误电路包括缺少电路中必有的元件（电源、用电器、开关、导线），不能形成电流通路，电路出现开路或短路。判断电路的连接方式通常用电流流向法。若电流顺序通过每个用电器而不分流，则用电器是串联；若电流通过用电器时前、后分岔，即通过每个用电器的电流都是总电流的一部分，则这些用电器是并联。在判断电路连接时，通常会出现用一根导线把电路两点间连接起来的情况，忽略导线的电阻，所以可以把一根导线连接起来的两点看成一点，有时用节点法来判断电路的连接是很方便的。

2.4.1.3　连接电路的方法

（1）连接电路前，先要画好电路图。

（2）把电路元件按电路图相应的位置摆好。

（3）电路的连接要按照一定的顺序进行。

（4）连接并联电路时，可按"先干后支"的顺序进行，即先连好干路，再接好各支路，然后把各支路并列到电路共同的两个端点上，或按"先支后干"的顺序连接。

连接电路时的注意事项有以下几点：

第一，电路连接的过程中，开关应该是断开的。

第二，每处接线必须接牢，防止虚接。

第三，先接好用电器、开关等元件，最后接电源。

第四，电路连接后要认真检查，确认无误后，再闭合开关。

第五，闭合开关后，如果出现异常情况，应立即断开电路，仔细检查，排除故障。

2.4.1.4　启保停电路

（1）启保停电路构成。图2-27是三相异步电动机启动—保持—停止的控制电路，左边是实质的电路接线图，右下方是电路图，图中的元器件是一一对应的，其电气元器件如下：

（2）电路图的查看。L1、L2、L3是三相电源，三相电源接入的是空气开关，空气开关出来分成两路、五个保险；一个是主电路，电动机电源；另一个是控制电路电源。

主电路电源经过空气开关QS，然后经过保险FU1，接到接触器的主触点上KM，接触器出来接到热继电器FR上，电动机的三相线就接到热继电器的出线端。

控制电路的控制电源过来后进入两个保险FU2，上保险出来接到热继电器的常闭点，然后出来接到停止开关SB1的常闭点，再接到启动开关SB2的常开点，然后接到接触器的线圈再回到L2的保险上。当再利用接触器本身的辅助触点来保持电动机的运转，只需要把辅助触点并联在启动按钮上即可，下面启动电动机。

第一步，先把空气开关合上，三相电源经过保险到接触器的端子上，这时人为控制接

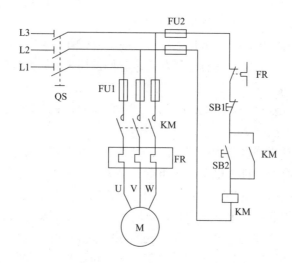

图2-27　启动停保电路

QS—空气开关　FU1～FU5—保险　KM—接触器　FR—热继电器　SB1—停止开关　SB2—启动开关

触器的线圈，就可以让接触器合上，让三相电源进入热继电器，然后启动电动机。

第二步，使接触器线圈通电，L3电源通过保险进入热继电器常闭点，进入停止开关，然后按下启动开关，进入接触器线圈，然后回到保险形成回路。接触器线圈通电产生磁力吸合，接触器触点闭合通电，电动机启动，辅助触点闭合，当启动开关松开也可以保持线圈通电。

按下SB1停止开关，导致热继电器动作，相应保险断开，引起空气开关动作，实现断开线圈电流，使电动机停止转动。

2.4.1.5　正反转控制电路

如图2-28所示的是电动机正反转控制电路。电动机要实现正反转控制，将其电源的相序中任意两相对调即可，通常是L2相不变，将L1相与L3相对调，为了保证两个接触器动作时能够可靠调换电动机的相序，接线时应使接触器的上口接线保持一致，在接触器的下

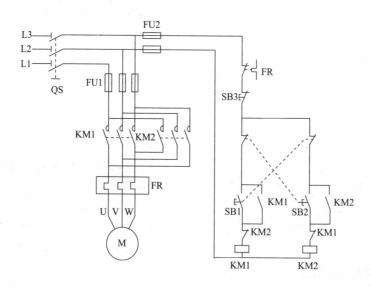

图2-28　正反转控制电路

口调相。由于将两相相序对调，故须确保两个KM线圈不能同时得电，否则会发生严重的相间短路故障，因此必须采取连锁。

主电路采用两个接触器，其中接触器KM1用于正转，接触器KM2用于反转。接触器KM1主触点闭合时，接到电动机接线端U、V、W的三相电源相序是L1、L2、L3，而当接触器KM2主触点闭合时，接到电动机接线端U、V、W的三相电源相序是L3、L2、L1，其中L1和L3两相发生对调，故电动机旋转方向相反。

从线路可以看出，用于正反转的两个接触器KM1和KM2不能同时通电，否则会造成L1和L3两相电源短路。所以，正反转的两个接触器需要互锁。接触器互锁的正反转控制线路的工作原理为台上空气开关QS。

当需要电动机正转时，按下电动机M的正转启动按钮SB2，接触器KM1线圈得电，其主触点接通电动机M的正转电源，电动机M启动正转。同时，接触器KM1的辅助动合触点（4-5）闭合自锁，使得松开按钮SB2时，接触器KM1线圈仍然能够保持通电吸合，而接触器KM1辅助动触点（6-8）断开，切断接触器KM2线圈回路的电源，使得在接触器KM1得电吸合时，接触器KM2不能得电，实现KM1和KM2互锁。

当需要电动机M停止时，按下按钮SB1，接触器KM1线圈失电释放，所有常开、常闭触点复位，电路恢复常态。

同理，当需要电动机M反转时，按下反转按钮SB3，接触器KM2线圈得电，其主触点接通电动机M的反转电源，电动机M启动反转。同时，接触器KM2的辅助动合触点闭合自锁，使得松开按钮SB2时，接触器KM2线圈仍然能够保持通电吸合，而接触器KM2辅助动触点断开，切断接触器KM1线圈回路的电源，使得在接触器KM2得电吸合时，接触器KM1不能得电，实现KM1和KM2互锁。

当需要电动机M停止时，按下按钮SB3，接触器KM2线圈失电释放，电动机M断电停转。

2.4.2　铺布机电路图

铺布机属于半自动化设备，自动化程度高，但电路比较简单，是因为控制电路采用PLC内部处理，所以电路图分为两部分，图2-29是PLC接线图，图2-30是主电路。

PLC接线图又分两部分，上半部分是输入，下半部分是输出。PLC通过扫描器，发现输入端有变化，而后通过内部运算，然后输出，输出一个是脉冲，控制伺服电动机，另外一个是开关量输出，使继电器线圈通电。

先看接线图上半部分输入，上面有个24V电源给传感器供电，从接线图左边看24V接了COM（公共端），当X端有零伏电压输入时就是相当于开关闭合，如果X端断开或者输入24V电压时，即开关断开。X0、X1是编码器输入，编码器输入是脉冲输入，即一个开关在很短时间内快速闭合断开，而其他的就如同开关一样。

而下半部分就是PLC输出，有两个24V电源，一个是电源盒电源，一个是PLC电源。但PLC电源不能给大负载供电，在电路图中给脉冲做电源控制伺服电动机。

从左边开始看有4个+、-，这个是给PLC输出的电源，当有控制输出时输出0，没有时输出24V，所以继电器一端接PLC输出端，一端接24V，而脉冲输出都是一样的。

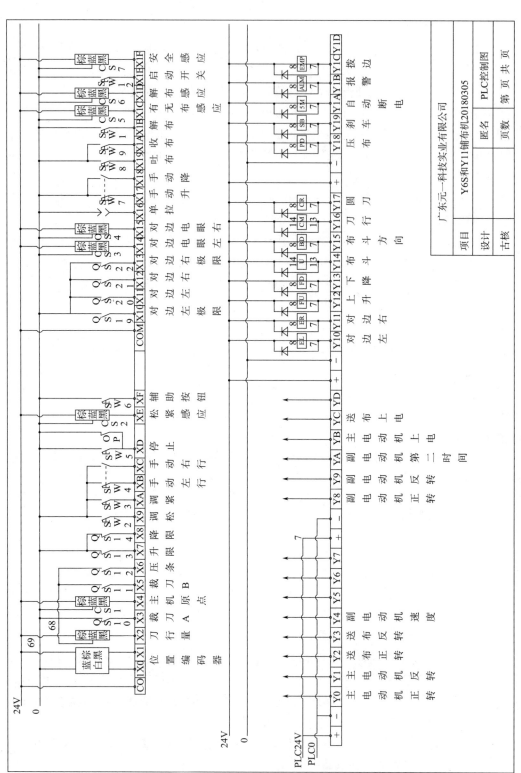

图2-29 PLC接线图

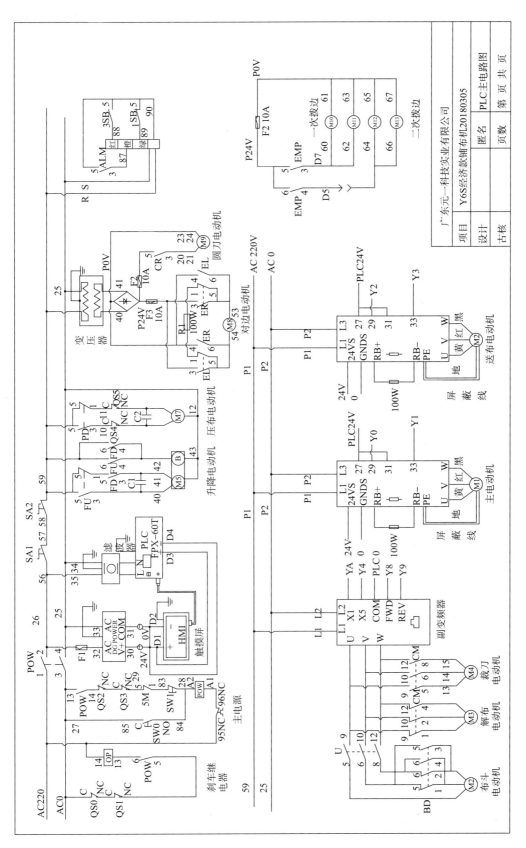

图2-30　主电路图

再看主电路图，主电路看起来很复杂，但是如果拆开来看就不复杂了，以下拆成八部分来解读。

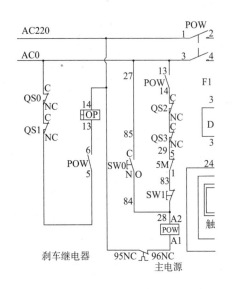

图2-31 主电源进入电路图

2.4.2.1 主电源进入电路

图2-31是主电源进入电路图，上面有个220V电源进入两个行程开关常闭点，到POW接触器的主触点，然后进入继电器线圈，线圈另外一边接火线，当POW接触器吸合，就是机器上电的时候，使OP继电器保持吸合，当拉刹车线时使行程开关常闭点断开，让继电器线圈断电。继电器断电输出一个停止信号给编程控制器（PLC）。

另外一边火线接入热继电器常闭点防止过电流，进入接触器线圈A1，从A2出来分两边，一边是启动开关SW0，另一边是保持电路先经过停止开关SW1然后到5M继电器常闭点（5M自动断电继电器）公共端出来，进入两个行程开关的常闭点（行程长度机械保护开关），再到POW辅助触点接零线，启动电源时按下SW0启动开关，接触器线圈

通电，触点动作，所有POW常开点闭合，OP继电器通电，POW线圈保持通电，主电源通电。需要断电时按下SW1断电开关即可。

2.4.2.2 电源盒、触摸屏、PLC供电电路

图2-32是电源盒、触摸屏、PLC的供电，单相电源经过F1保险进入开关电源，而开关电源输出的是24V直流电源给PLC、触摸屏、传感器、拨边电动机等电器供电；触摸屏接入24V直流电源，通过通信线与PLC交换数据；另一边是单相电源经过滤波器滤波再接入PLC给供电（由于PLC容易被干扰所以接入一个滤波器）。

2.4.2.3 升降电动机和压布电动机供电电路

图2-33为升降电动机和压布电动机供电电路图。

图中有两个电动机，一个是带抱闸的升降电动机，另一个是压布电动机。

升降电动机由两个继电器控制，一个是FU，另一个是FD，火线进入FU公共端5，FU常开点3接电动机的40上面，FU常闭点1接到FD的公共端5，FD常开点3接到电动机的41上面，在41、40上面并联一个电动机电容（单相电动机要并联电容）。当电动机正转40通电，反转41通电，如果同时通电可能烧坏电动机，所以41的电源先要经过FU继电器。B是电

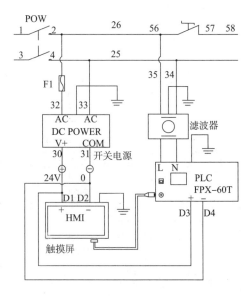

图2-32 电源盒、触摸屏、PLC供电电路图

动机抱闸，电动机转，先松开抱闸，接一个电源去FD，FU的公共端6常开点4接抱闸线圈，43接零线。

压布电动机正反转两条电源线经过两行程开关接到PD的常开点，常闭点上PD公共端接到火线上，压布电动机公共端接零线，当电动机转动时压布电动机主轴上有两个触点，电动机转到一定角度的触点会触发行程开关动作，从而停止电动机转动。

2.4.2.4 对边电动机和圆刀电动机供电电路

图2-34为对边电动机和圆刀电动机供电电路图。

图中是两个直流电动机，对边电动机和圆刀电动机。

需要先把单相交流220V电源转成24V直流电源，先经过变压器变压，220V电源经过变压器降压变成24V交流电，然后输出到整流器，整流器整流输出24V直流电，然后分开两路保险，一路输入对边电动机F3，另一路输入F2圆刀电动机。

对边电动机，实现直流电动机正反转只需要互换接入电源即可，当EL继电器吸合24V接入54、53接入0正转，当ER继电器吸合，24V接入53，0接入54，反转；假如两个都没有吸合的时候，54、53都会接入R1刹车电阻上面；当电动机在运转时突然断开电源，电动机会有惯性运转，可通过电动机惯性运转产生电流的方法，利用刹车电阻缩短这个惯性时间。

圆刀电动机，CR继电器吸合，接入24V电源，电动机运转。

2.4.2.5 指示灯电路

如图2-35所示为指示灯电路图。

R、S是指示灯220V电源，90是指示灯公共端，当90接入那个颜色的控制端，指示灯就会亮对应颜色的灯。

图2-35中有两个指示灯，ALM为橙色报警指示、SB为红绿指示灯切换，红色是运行指示灯，绿色的停止指示灯。

2.4.2.6 布斗电动机、解布电动机、裁刀行走电动机电路

图2-36为布斗电动机、解布电动机、裁刀行走电动机电路图。

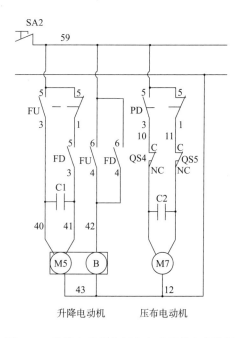

图2-33 升降电动机和压布电动机供电电路图

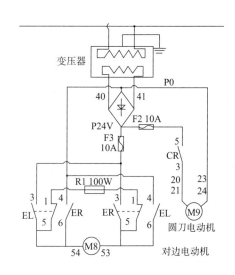

图2-34 对边电动机和圆刀电动机供电电路图

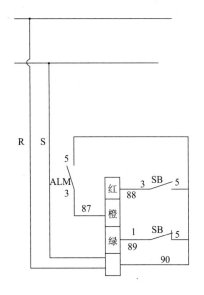

图2-35　指示灯电路图

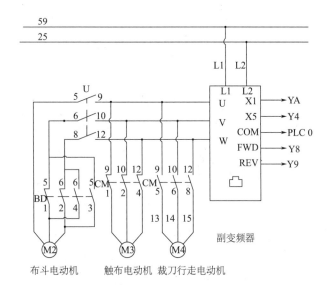

图2-36　布斗电动机、解布电动机、裁刀行走电动机电路图

图中是变频器控制3个电动机，布斗电动机、解布电动机及裁刀行走电动机。

先观察变频器接线，变频器接线情况如下：

（1）电源L1、L2，220V电源。

（2）变频器控制信号线COM端接了PLC 0，当PLC输出端有0输出，相当于与变频器信号线导通，变频器有很多个控制端子，而这个控制端子可以通过变频器设定来选择作用，而X1是加减速时间选择，X5是变频器频率速度，FWD正转，REV反转。

（3）变频器三相输出电源接三相电动机电源线，有3个继电器控制，其中有两个继电器U、BD控制布斗电动机U是接通电源，BD是正反转切换，而CM是解布电动机和裁刀行走电动机切换。

2.4.2.7　主电动机和送布电动机电路

图2-37为主电动机和送布电动机电路图。

图中是伺服电动机M1/M2。伺服电动机控制方式和接线方式一样，长方形的是伺服控制器，L1、L3是伺服控制器的供电电源，左边0、24V逻辑控制电源，下面100W电阻是刹车电阻。右边的27、29、31、33是串口的针口排列顺序。

M1是主电动机，主电动机接线方式是有规定的，电动机线上面有备注号和伺服控制器一一对应。

2.4.2.8　拨边电动机电路

图2-38为拨边电动机电路图。拨边电动机，由一个继电器控制，接通电源电动机即可转动。

2.4.3　可编程逻辑控制器

可编程逻辑控制器（Programmable Logic Controller，PLC），是种专门为在工业环境中

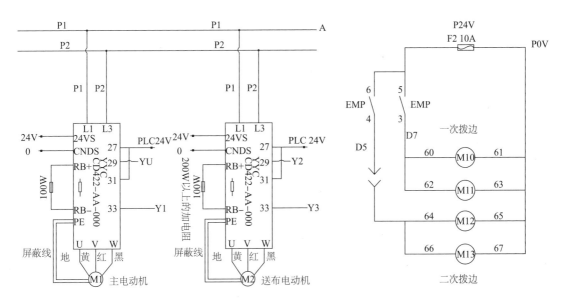

图2-37　主电动机和送布电动机电路图　　　图2-38　拨边电动机电路图

应用而设计的数字运算操作电子系统。它采用一种可编程的存储器，在其内部存储执行逻辑运算、顺序控制、定时、计数和算术运算等操作的指令，通过数字式或模拟式的输入输出来控制各种类型的机械设备或生产过程。图2-39为可编程逻辑控制器。

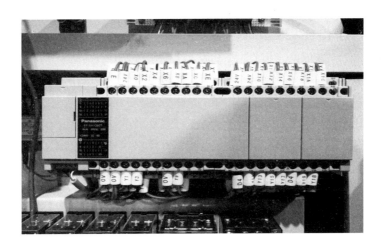

图2-39　可编程逻辑控制器

2.4.3.1　基本结构

　　PLC由电源、中央处理器（CPU）、存储器、输入单元、输出单元组成。其结构构成如图2-40所示。

　　（1）电源。电源用于将交流电转换成PLC内部所需的直流电，目前大部分PLC采用开关式稳压电源供电。

　　（2）中央处理器。CPU是PLC的控制中枢，也是PLC的核心部件，其性能决定了PLC的性能。

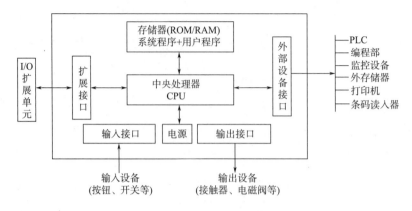

图2-40　PLC基本结构

中央处理器由控制器、运算器和寄存器组成，这些电路都集中在一块芯片上，通过地址总线、控制总线与存储器的输入/输出接口电路相连。中央处理器的作用是处理和运行用户程序，进行逻辑和数学运算，控制整个系统使之协调。

（3）存储器。存储器是具有记忆功能的半导体电路，它的作用是存放系统程序、用户程序、逻辑变量和其他一些信息。其中系统程序是控制PLC实现各种功能的程序，由PLC生产厂家编写，并固化到只读存储器（ROM）中，用户不能访问。

（4）输入单元。输入单元是PLC与被控设备相连的输入接口，是信号进入PLC的桥梁，它的作用是接收主令元件、检测元件传来的信号。输入的类型有直流输入、交流输入、交直流输入。

（5）输出单元。输出单元也是PLC与被控设备之间的连接部件，它的作用是把PLC的输出信号传送给被控设备，即将中央处理器送出的弱电信号转换成电平信号，驱动被控设备的执行元件。输出的类型有继电器输出、晶体管输出及晶闸门输出。

PLC除上述几部分外，根据机型的不同还有多种外部设备，其作用是帮助编程、实现监控以及网络通信。常用的外部设备有编程器、打印机、盒式磁带录音机、计算机等。

2.4.3.2　工作原理

当可编程逻辑控制器投入运行后，其工作过程一般分为三个阶段，即输入采样、用户程序执行和输出刷新三个阶段。完成上述三个阶段称作一个扫描周期。在整个运行期间，可编程逻辑控制器的CPU以一定的扫描速度重复执行上述三个阶段，如图2-41所示。

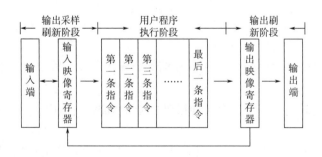

图2-41　PLC工作过程图

（1）输入采样。在输入采样阶段，可编程逻辑控制器以扫描方式依次地读入所有输入状态和数据，并将它们存入I/O映像区中的相应单元内。输入采样结束后，转入用户程序执行和输出刷新阶段。在这两个阶段中，即使输入状态和数据发生变化，I/O映像区中的相应单元的状态和数据也不会改变。因此，如果输入是脉冲信号，则该脉冲信号的宽度必须大于一个扫描周期，才能保证在任何情况下，该输入均能被读入。

（2）用户程序执行。在用户程序执行阶段，可编程逻辑控制器总是按由上而下的顺序依次地扫描用户程序。在扫描每条梯形图时，又总是先扫描梯形图左边的由各触点构成的控制线路，并按先左后右、先上后下的顺序对由触点构成的控制线路进行逻辑运算，然后根据逻辑运算的结果，刷新该逻辑线圈在系统RAM存储区中对应位的状态；或者刷新该输出线圈在I/O映像区中对应位的状态；或者确定是否要执行该梯形图所规定的特殊功能指令。即在用户程序执行过程中，只有输入点在I/O映像区内的状态和数据不会发生变化，而其他输出点和软件设备在I/O映像区或系统RAM存储区内的状态和数据都有可能发生变化，而且排在上面的梯形图，其程序执行结果会对排在下面的凡是用到这些线圈或数据的梯形图起作用；相反，排在下面的梯形图，其被刷新的逻辑线圈的状态或数据只能到下一个扫描周期，才能对排在其上面的程序起作用。

在程序执行的过程中，如果使用立即I/O指令则可以直接存取I/O点。即使用I/O指令的话，输入过程映像寄存器的值不会被更新，程序直接从I/O模块取值，输出过程映像寄存器会被立即更新，这与立即输入有些区别。

（3）输出刷新。当扫描用户程序结束后，可编程逻辑控制器就进入输出刷新阶段。在此期间，CPU按照I/O映像区内对应的状态和数据刷新所有的输出锁存电路，再经输出电路驱动相应的外部设备。这时，才是可编程逻辑控制器的真正输出。

2.4.3.3 PLC的应用

（1）开关量的开环控制。开关量的开环控制是PLC的最基本控制功能。PLC的指令系统具有强大的逻辑运算能力，很容易实现定时、计数、顺序（步进）等各种逻辑控制方式。大部分PLC就是用来取代传统的继电接触器控制系统。

（2）模拟量闭环控制。对于模拟量的闭环控制系统，除了要有开关量的输入输出外，还要有模拟量的输入输出点，以便采样输入和调节输出实现对温度、流量、压力、位移、速度等参数的连续调节与控制。目前的PLC不但大型、中型机具有这种功能外，还有些小型机也具有这种功能。

（3）数字量的智能控制。控制系统具有旋转编码器和脉冲伺服装置（如步进电动机）时，可利用PLC实现接收和输出高速脉冲的功能，实现数字量控制，较为先进的PLC还专门开发了数字控制模块，可实现曲线插补功能，近来又推出了新型运动单元模块，还能提供数字量控制技术的编程语言，使PLC实现数字控制更加简单。

（4）数据采集与监控。由于PLC主要用于现场控制，所以采集现场数据是十分必要的功能，在此基础上将PLC与上位计算机或触摸屏相连接，既可以观察这些数据的当前值，又能及时进行统计分析，有的PLC具有数据记录单元，可以用一般个人计算机的存储卡插入该单元中保存采集到的数据。PLC的另一个特点是自检信号多，利用这个特点，PLC控制系统可以实现自诊断式监控，减少系统的故障，提高系统的可靠性。

2.4.4 人机界面

2.4.4.1 概述

人机界面（Human Machine Interaction，HMI），又称用户界面或使用者界面，是人与计算机之间传递、交换信息的媒介和对话接口，是计算机系统的重要组成部分，是系统和用户之间进行交互和信息交换的媒介，它实现信息的内部形式与人类可以接受形式之间的转换。凡参与人机信息交流的领域都存在着人机界面。常见的人机触摸屏大致可分为两种：电阻式触摸屏与电容式触摸屏。

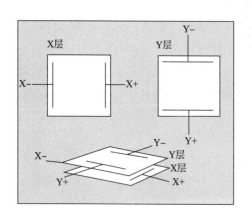

图2-42　电阻式触摸屏

（1）电阻式触摸屏。电阻式触摸屏是一种传感器，基本上是薄膜加上玻璃的结构，薄膜和玻璃相邻的一面上均涂有纳米铟锡金属氧化物（ITO）涂层，ITO具有很好的导电性和透明性。当触摸操作时，薄膜下层的ITO会接触到玻璃上层的ITO，经由感应器传出相应的电信号，经过转换电路送到处理器，通过运算转化为屏幕上的X、Y值，从而完成点选的动作，并呈现在屏幕上，如图2-42所示。

电阻触摸屏的工作原理主要是通过压力感应原理来实现对屏幕内容的操作和控制，这种触摸屏屏体部分是一块与显示器表面非常配合的多层复合薄膜，其中第一层为玻璃或有机玻璃底层，第二层为隔层，第三层为多元树脂表层，表面还涂有一层透明的导电层，上面再盖有一层外表面经硬化处理、光滑防刮的塑料层。在多元树脂表层表面的传导层及玻璃层感应器是被许多微小的隔层所分隔电流通过表层，轻触表层压下时，接触到底层，控制器同时从四个角读出相称的电流及计算手指位置的距离。这种触摸屏利用两层高透明的导电层组成触摸屏，两层之间距离仅为2.5 μm。当手指触摸屏幕时，平常相互绝缘的两层导电层就在触摸点位置有了一个接触，因其中一面导电层接通Y轴方向的5V均匀电压场，使侦测层的电压由零变为非零，控制器侦测到这个接通后，进行A/D转换，并将得到的电压值与5V相比，即可得触摸点的Y轴坐标，同理得出X轴的坐标，这就是所有电阻技术触摸屏共同的基本原理。

（2）电容式触摸屏。电容式触摸屏技术是利用人体的电流感应进行工作的。电容式触摸屏是一块四层复合玻璃屏，玻璃屏的内表面和夹层各涂有一层ITO，最外层是一薄层硅土玻璃保护层，夹层ITO涂层作为工作面，四个角上引出四个电极，内层ITO为屏蔽层以保证良好的工作环境。当手指触摸在金属层上时，由于人体电场，用户和触摸屏表面形成一个耦合电容，对于高频电流来说，电容是直接导体，于是手指从接触点吸走一个很小的电流。这个电流分别从触摸屏的四角上的电极中流出，并且流经这四个电极的电流与手指到四角的距离成正比，控制器通过对这四个电流比例的精确计算，得出触摸点的位置，如图2-43所示。可以达到99%的精确度，具备小于3ms的响应速度。

2.4.4.2 设计原则

在系统的设计过程中，设计人员要抓住用户的特征，发现用户的需求。在系统整个开发过程中要不断征求用户的意见。系统地设计决策要结合用户的工作和应用环境，必须理解用户对系统的要求。最好的方法就是让真实的用户参与开发，这样开发人员就能正确地了解用户的需求和目标，系统就会更加成功。

设计中常会用到以下几种功能：

（1）位状态切换开关元件。位状态切换开关是指示灯和位状态设定元件的组合。它定义了一块触控区域，当激活这块区域时，可以切换HMI内部或PLC控制器的位地址开关为开或关状态，同时开关显示的状态会根据读取地址的状态显示，如图2-44所示。

（2）功能键。功能键一般可用于选择界面的功能，如图2-45所示，在调试软件中选定切换的页面窗口，当每次该功能键触发时，会触发到选择的窗口。

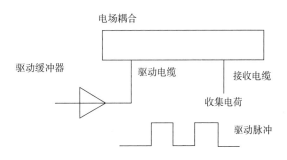

图2-43 电容式触摸屏

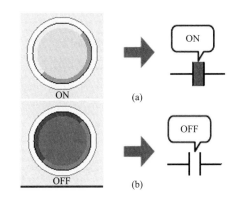

图2-44 位状态切换开关元件

（3）数值元件。数值元件是将数据以数值的形式从HMI写定到HMI内部地址或者PLC控制器的对应地址，同时也可以以数据的形式显示写入的数据，如图2-46所示。

图2-45 功能键

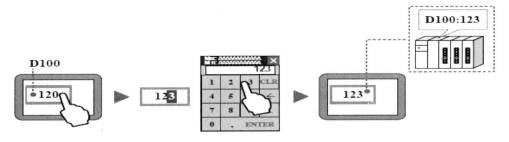

图2-46 数值元件

2.4.4.3　故障处理

（1）人机界面无响应，按触摸任何部位都无响应。遇到这种情况，首先检查各接线接口是否出现松动，然后检查串口及中断号是否有冲突，如果是由于冲突引起的，那么应调整资源，避开冲突。其次，检查人机界面表面是否出现裂缝，如发现有裂缝应及时更换。此外，还需要检查人机界面表面是否有尘垢，若有，用软布进行清除。观察检查控制盒上的指示灯是否工作正常，正常时，指示灯为绿色，并且闪烁。如果上面的部分均正常，可用替换法检查人机界面，先替换控制盒，再替换触摸屏，最后替换主机。

（2）人机界面正常但计算机不能操作。一台人机界面，经试验其本身一切正常，但接上主机后，计算机不能操作。对于这种情况，原因有二；其一，可能是人机界面驱动程序版本过低，需要安装最新的驱动程序；其二，可能是在主机启动装载人机界面驱动程序之前，人机界面控制卡接收到操作信号，只需重新断电后，再启动计算机即可。

（3）触摸不准。一台表面声波人机界面，用手指触摸显示器屏幕的部位不能正常地完成对应的操作。产生这种现象有两种原因：第一种可能是声波屏的反射条纹受到轻微破坏，如果遇到这种情况则将无法完全修复；第二种可能是声波人机界面在使用一段时间后，屏四周的反射条纹上面被灰尘覆盖，可用一块干的软布进行擦拭，然后断电、重新启动计算机并重新校准。

2.4.5　伺服控制系统

2.4.5.1　概述

伺服控制系统是一种能对试验装置的机械运动按预定要求进行自动控制的操作系统。在很多情况下，伺服系统专指被控制量（系统地输出量）是机械位移或位移速度、加速度的反馈控制系统，其作用是使输出的机械位移（或转角）准确地跟踪输入的位移（或转角）。伺服系统的结构组成和其他形式的反馈控制系统没有原则上的区别。

2.4.5.2　组成

构成机器的伺服控制系统，不仅有之前学习到的可编程控制器，还有伺服驱动器、编码器以及伺服电动机。

（1）伺服驱动器。伺服驱动器（servo drives）又称为伺服控制器、伺服放大器，是用来控制伺服电动机的一种控制器，其作用类似于变频器作用于普通交流电动机，属于伺服系统的一部分，主要应用于高精度的定位系统。一般是通过位置、速度和力矩三种方式对伺服电动机进行控制，实现高精度的传动系统定位，目前是传动技术的高端产品，如图2-47所示。

图2-47　伺服驱动器

（2）编码器。编码器（encoder）是将信号（如比特流）或数据进行编制、转换为可用于通信、传输和存储的信号形式的设备。编码器把角位移或直线位移转换成电信号，前者称为码盘，后者称为码尺。按照读出方式编码器可以分为接触式和非接触式两种；按照工作原理编码器可分为增量式和绝对式两类。增量式编码器是将位移转换成周期性的电信号，再把这个电信号转变成计数脉冲，用脉冲的个数表示位移的大小。绝对式编码器的每一个位置对应一个确定的数字码，因此它的示值只与测量的起始和终止位置有关，而与测量的中间过程无关，如图2-48所示。

图2-48　编码器

（3）伺服电动机。伺服电动机（servo motor）是指在伺服系统中控制机械元件运转的发动机，是一种补助电动机间接变速装置，如图2-49所示。

伺服电动机可使控制速度、位置精度非常准确，可以将电压信号转化为转矩和转速以驱动控制对象。伺服电动机转子转速受输入信号控制，并能快速反应，在自动控制系统中，用作执行元件，且具有机电时间常数小、线性度高、始动电压等特性，可把所收到的电信号转换成电动机轴上的角位移或角速度输出。伺服电动机可分为直流和交流伺服电动机两大类，其主要特点是，当信号电压为零时无自转现象，转速随着转矩的增加而匀速下降。

图2-49　伺服电动机

① 伺服控制系统组成。机电一体化的伺服控制系统的结构、类型繁多，但从自动控制理论的角度来分析，伺服控制系统一般包括控制器，功率放大器、执行机构、检测装置，如图2-50所示。

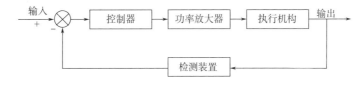

图2-50　伺服控制系统组成框图

a.控制器：伺服系统中控制器的主要任务是根据输入信号和反馈信号决定控制策略，控制器通常由电子线路或计算机组成。

b.功率放大器：伺服系统中功率放大器的作用是将信号进行放大，并用来驱动执行机构完成某种操作，功率放大装置主要由各种电力电子器件组成。

c.执行机构：执行机构主要由伺服电动机或液压伺服机构和机械传动装置等组成。

d.检测装置：检测装置的任务是测量被控制量，实现反馈控制。无论采用何种控制方案，系统地控制精度总是低于检测装置的精度，因此要求检测装置精度高、线性度好、可靠性高、响应快。

② 伺服驱动系统分类。伺服驱动系统按控制原理的不同可以分为开环、全闭环和半闭环等伺服系统。

a.开环伺服系统。如图2-51所示，若伺服驱动系统中没有检测反馈装置则称为开环伺服系统。开环伺服系统的精度较低，一般可达到0.01mm左右，且速度也有一定的限制，但其结构简单、成本低、调整和维修都比较方便，另外，由于被控量不以任何形式反馈到输入端，所以其工作稳定、可靠，因此在一些精度、速度要求不很高的场合，如线切割机、办公自动化设备中得到了广泛应用。

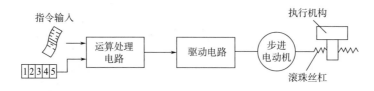

图2-51　开环伺服系统

b.全闭环伺服系统。如图2-52所示，全闭环伺服系统是由安装在工作台上的位置检测装置，将工作台的直线位移转换成电信号，并在比较环节与指令脉冲相比较，将所得的偏差值经过放大，由伺服电动机驱动工作台向偏差减小的方向移动，直到偏差值等于零为止，定位精度可以达到亚微米量，是实现高精度位置控制的一种理想的控制方案。但由于全部的机械传动链都被包含在位置闭环之中，机械传动链的惯量、间隙、摩擦、刚性等非线性因素都会给伺服系统造成影响，从而使系统控制和调试变得异常复杂，制造成本升高。因此，全闭环伺服系统主要用于高精密和大型的机电一体化设备。

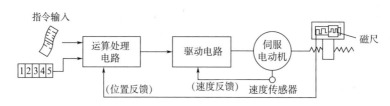

图2-52　全闭环伺服系统

c.半闭环伺服系统。半闭环伺服系统中工作台的位置通过电动机上的传感器或是安装在丝杠轴端的编码器间接获得，它与全闭环伺服系统的区别在于检测元件位于系统传动链的中间，故称为半闭环伺服系统，如图2-53所示。由于部分传动链在系统闭环之外，故其定位精度比全闭环的稍差。但由于测量角位移比测量线位移容易，并可在传动链的任何转动部位进行角位移的测量和反馈，所以结构比较简单，调整、维护也比较方便。由于将惯性质量很大的工作台排除在闭环之外，系统调试比较容易、稳定性好，具有较高的性价比，被广泛应用于各种机电一体化设备。

伺服电动机为了达到生产的精准控制，电动机一般采用三环控制，这主要是为了使伺服电动机系统形成闭环控制，所谓三环就是三个闭环负反馈PID调节系统。电压映射电流

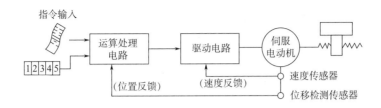

图2-53 半闭环伺服系统

变化，电流映射转矩大小，转矩大小映射转速的变化，转速同时又映射了位置的变化，三环控制是考虑电气与物理融合。

三环一般是指电流环、速度环、位置环；电流环是以电流信号作为反馈信号的控制环节。速度环是以速度信号作为反馈信号的控制环节。位置环是以位置信号作为反馈信号的控制环节。

第一环电流环。此环完全在伺服驱动器内部进行，通过霍尔装置检测驱动器给电动机的各相地输出电流，负反馈给电流的设定进行PID调节，从而达到输出电流尽量接近等于设定电流，电流环就是控制电动机转矩的，所以在转矩模式下驱动器的运算最小，动态响应最快。

第二环是速度环。通过检测的电动机编码器的信号来进行负反馈PID调节，它的环内PID输出直接就是电流环的设定，所以速度环控制时就包含了速度环和电流环，换言之任何模式都必须使用电流环，电流环是控制的根本，在速度和位置控制的同时系统实际也在进行电流（转矩）的控制以达到对速度和位置的相应控制。

第三环是位置环。它是最外环，可以在驱动器和电动机编码器间构建，也可以在外部控制器和电动机编码器或最终负载间构建，要根据实际情况来定。由于位置控制环内部输出就是速度环的设定，位置控制模式下系统进行了所有三个环的运算，此时的系统运算量最大，动态响应速度也最慢。

2.4.6 电器元件

电气控制回路常用的元器件，包括断路器、交流接触器、热继电器、中间继电器、按钮、指示灯、行程开关、熔断器、消声器。通过了解电器元件结构和工作原理来掌握其在电气回路所起的作用。

2.4.6.1 低压断路器

低压断路器又称自动控制开关。低压断路器是一种既有手动开关作用，又有自动进行失压、欠压、过载和短路保护的电器。

（1）用途。可以用来分配电能，不频繁启动异步电动机。对电源线路及电动机用电设备进行保护。当它们发生严重过载或长时间超载、短路、欠压等故障时能自动断开短路。保护设备和人员安全，以防发生火灾或爆炸。

（2）实例（图2-54）。大电流断路器用于大型配电柜200~6300A，保护变压器二次回路避免变压器超负载运行。3P+N断路器多用于三相五线制的供电线路。2P断路器用于工业照明220V机器供电。1P+N断路器因体积小多用于家用配电。

(a) 大电流断路器

(b) 3P+N断路器

(c) 2P断路器

(d) 小形1P+N断路器

图2-54 断路器

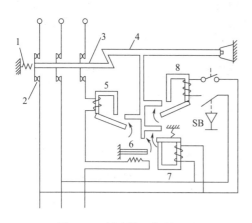

图2-55 断路器工作原理图

1—拉力弹簧 2—主触头 3，4—脱扣装置 5—过电流脱扣器
6—过载脱扣器 7—失压脱扣器 8—分励脱孔器

（3）工作原理。图2-55为断路器工作原理图。

拉力弹簧1：当脱扣装置3和4分开的一瞬间，拉力弹簧的拉力让主触头的触点瞬间断开，瞬间灭弧（带负载断开断路器，过慢会产生高温电弧，烧坏触头）。

主触头2：用于断开和连接电路。

脱扣装置3，4：主要联动脱口装置。

过电流脱扣器5：由磁通铁条线圈组成，当电流过大时，通过脱扣器时，线圈产生足够的电磁力，吸合下面的铁块，铁块打动脱扣装置，使脱扣装置动作，断开电路。

过载脱扣器6：由加热线圈、双金属片组成，当负载长时间过载，加热线圈会温度升高，然后把双金属片加热，加热到一定温度时，由于两种金属热胀冷缩的系数不一样，会导致双金属片向上弯曲，使脱扣装置动作，断开电路。

失压脱扣器：由弹簧磁通铁条线圈组成，当小于额定电压时，线圈产生的磁力不足以克服弹簧拉力，弹簧拉动铁条，使脱扣装置动作，断开电路。

分励脱孔器：本质上是一个分闸线圈加脱扣器，给分励脱扣线圈加上规定的电压，断路器就脱扣而分闸。当发生火灾时，消防控制室发出报警信号分励脱孔器常用在远距离自动断电的控制上，用得最多的就是消防控制室切断非消防电源。

（4）型号和符号。断路器的文字符号为QF，图形符号如图2-56所示。

2.4.6.2 热继电器

热继电器的工作原理是流入热元件的电流产生热量，使有不同膨胀系数的双金属片发生形变，当形变达到一定距离时，就推动连杆动作，使控制电路断开，从而使接触器失电，主电路断开，实现电动机的过载

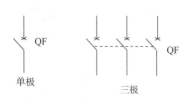

单极

三极

QF

QF

图2-56 断路器图形符号

保护。

（1）实例。图2-57为热继电器。

图2-57 热继电器

（2）工作原理。图2-58为热继电器工作原理示意图，图2-59为热继电器结构图。

电动机在实际运行中，如拖动生产机械进行工作过程中，若机械出现不正常的情况或电路异常使电动机遇到过载，则电动机转速下降、绕组中的电流将增大，使电动机的绕组温度升高。若过载电流不大且过载的时间较短，电动机绕组不超过允许温升，这种过载是允许的。但若过载时间长，过载电流大，电动机绕组的温升就会超过允许值，使电动机绕组老化，缩短电动机的使用寿命，严重时甚至会使电动机绕组烧毁。所以，这种过载是电动机不能承受的。热继电器就是利用电流的热效应原理，在出现电动机不能承受的过载时切断电动机电路，为电动机提供过载保护的保护电器。

使用热继电器对电动机进行过载保护时，将热元件与电动机的定子绕组串联，将热继电器的常闭触头串联在交流接触器的电磁线圈的控制电路中，并调节整定电流调节旋钮，使人字形拨杆与推杆相距一适当距离。当电动机正常工作时，通过热元件的电流即为电动机的额定电流，热元件发热，双金属片受热后弯曲，使推杆刚好与人字形拨杆接触，而又不能推动人字形拨杆。常闭触头处于闭合状态，交流接触器保持吸合，电动机正常运行。

若电动机出现过载情况，绕组中电流增大，通过热继电器元件中的电流增大使双金属片温度升得更高，弯曲程度加大，推动人字形拨杆，人字形拨杆推动常闭触头，使触头断开

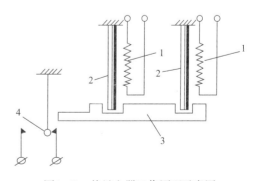

图2-58 热继电器工作原理示意图

1—热元件 2—金属片 3—导板 4—触点

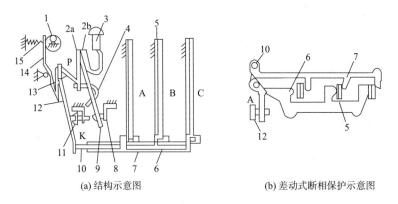

图2-59 热继电器结构示意图

1—电流调节凸轮 2—片簧（2a，2b） 3—手动复位按钮 4—弓簧片 5—主金属片
6—外导板 7—内导板 8—常闭静触点 9—静触点 10—杠杆 11—常开静触点（复位调节螺钉）
12—补偿双金属片 13—推杆 14—连杆 15—压簧

而断开交流接触器线圈电路，使接触器释放、切断电动机的电源，电动机停车而得到保护。

热继电器的温度补偿作用。人字形拨杆的左臂也用双金属片制成，当环境温度发生变化时，主电路中的双金属片会产生一定的变形弯曲，这时人字形拨杆的左臂也会发生同方向的变形弯曲，从而使人字形拨杆与推杆之间的距离基本保持不变，保证热继电器动作的准确性。这种作用称温度补偿作用。

（3）文字和图形符号。热继电器文字符号为FR，图形符号如图2-60所示。

（4）主要型号及技术参数。常用的热继电器有JR0、JR2、JR9、JR10、JR15、JR16、JR20、JR36等几个系列。表2-1为JR36的技术参数。

(a) 热元件　(b) 常开触头　(c) 常闭触头

图2-60 热继电器图形符号

表2-1 热继电器JR36技术参数

型号	额定电流	热元件规格	
		额定电流	电流调节范围
JR36-20/3	20	0.35	—
		0.5	0.25~0.35
		1.6	0.32~0.5
		5.0	1.0~1.6
		11.0	6.8~11
		22	14~22

2.4.6.3 中间继电器

中间继电器（intermediate relay），用于继电保护与自动控制系统中，以增加触点的数量及容量。它用于在控制电路中传递中间信号。中间继电器的结构和原理与交流接触器

基本相同，与接触器的主要区别在于：接触器的主触头可以通过大电流，而中间继电器的触头只能通过小电流。所以，它只能用于控制电路中。它一般是没有主触点的，因为过载能力比较小。所以它用的全部都是辅助触头，数量比较多。新国标对中间继电器的定义是K，老国标是KA。一般是直流电源供电，少数采用交流供电。

（1）实例。中间继电器如图2-61所示。

(a)　　　　　　　　　　(b)　　　　　　　　　　(c)

图2-61　中间继电器

（2）结构和工作原理。中间继电器的工作原理是将一个输入信号变成多个输出信号或将信号放大（即增大触头容量）的继电器。其实质是电压继电器，但它的触头数量较多（可达8对），触头容量较大（5~10A），且动作灵敏。

（3）文字和图形符号。中间继电器的文字符号为KA，图形符号如图2-62所示。

2.4.6.4　按钮

按钮是一种常用的控制电器元件，常用来接通或断开控制电路，从而达到控制电动机或其他电气设备运行目的的一种开关。

(a) 吸引线圈　　　(b) 常开触头　　　(c) 常闭触头

图2-62　中间继电图形符号

（1）实例。按钮如图2-63所示。

(a)　　　　　　　(b)　　　　　　　(c)　　　　　　　(d)

图2-63　按钮

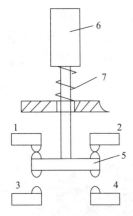

图2-64 按钮结构示意图

1，2—常闭触点 3，4—常开
触点 5—触头 6—联动杆
7—弹簧

（2）结构及工作原理。按钮由常闭触关、常开触关、触头、连动杆、弹簧等组成，如图2-64所示。

当按下联动杆6时，触头5下行，常闭触点1，2断开，常开触点3，4闭合，接通；当松开时由于弹簧的作用，触头5回到原来位置，1和2接通，3和4断开。

（3）文字和图形符号。按钮文字符号为SB，其图形符号如图2-65所示。

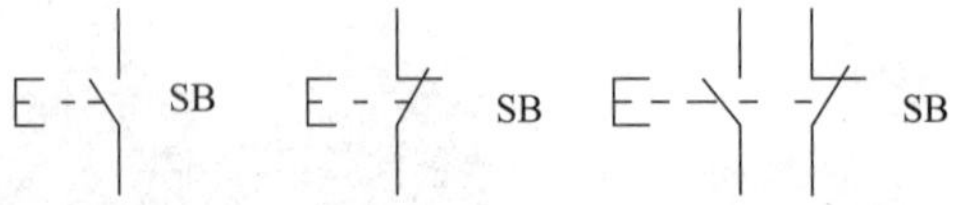

(a) 常开按钮　(b) 常闭按钮　(c) 复合按钮

图2-65 按钮图形符号

2.4.6.5 指示灯

家庭照明灯的一种按键开关上常有的一个指示灯。这种指示灯的电阻极大，使电路中的电流极小，从而使在夜晚用电器的电压达不到额定电压而不能亮。一般情况下这种指示灯内有一个电容，因为一个小小的指示灯是容不了220V的电压的。

（1）实例。指示灯如图2-66所示。

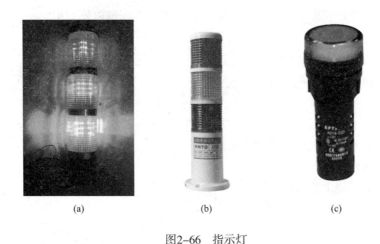

(a) (b) (c)

图2-66 指示灯

（2）作用。红绿指示灯的作用有三点：一是指示电气设备的运行与停止状态；二是监视控制电路的电源是否正常；三是利用红灯监视跳闸回路是否正常，用绿灯监视合闸回路是否正常。

（3）文字和图形符号。指示灯文字符号为HL，其图形符号如图2-67所示。

2.4.6.6 行程开关

行程开关也被称为是限位开关，它的特点是通过其他物体的位移来控制电路的通断。行程开关是应用范围极为广泛的一种开

图2-67 指示灯图形符号

关，例如，在日常生活中，冰箱内的照明灯就是通过行程开关控制的，而电梯的自动开关门及开关门速度，也是由行程开关控制的。

（1）实例。行程开关如图2-68所示。

(a)　　　　　　　　　　　　　　　　　(b)

图2-68　行程开关

（2）工作原理。行程开关的工作原理是利用生产机械运动部件的碰撞，使其触头动作来实现接通或分断控制电路，达到一定的控制目的。通常，这类开关被用来限制机械运动的位置或行程，使运动机械按一定位置或行程自动停止、反向运动、变速运动或自动往返运动等。如图2-69所示为行程开关结构示意图。

（3）文字和图形符号。行程开关文字符号为SQ，其图形符号如图2-70所示。

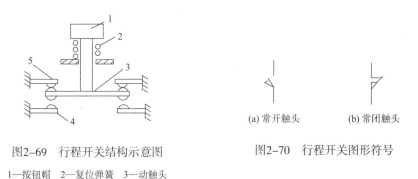

(a) 常开触头　　　　(b) 常闭触头

图2-69　行程开关结构示意图

1—按钮帽　2—复位弹簧　3—动触头
4—常开静触头　5—常闭静触头

图2-70　行程开关图形符号

2.4.6.7　熔断器

熔断器就是人们生活中的保险丝。

（1）实例。熔断器如图2-71所示。

（2）工作原理。熔断器是指当电流超过规定值时，以本身产生的热量使熔体熔断，断开电路的一种电器。熔断器是根据电流超过规定值一段时间后，以其自身产生的热量使熔体熔化，从而使电路断开的一种电流保护器。熔断器广泛应用于高低压配电系统和控制系统以及用电设备，作为短路和过电流的保护器，是应用最普遍的保护器件之一。

（3）文字和图形符号。熔断器文字符号为FU，其图形符号如图2-72所示。

2.4.6.8　消声器

消声器是指对于同时具有噪声传播的气流管道，可以用附有吸声衬里的管道及弯头或利用截面积突然改变及其他声阻抗不连续的管道等降噪器件，使管道内噪声得到衰减或反

(a) 通用保险丝

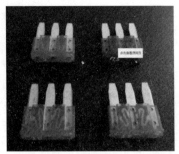

(b) 汽车保险

(c) 电子电路保险

(d) 可恢复保险

图2-71 熔断器

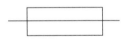

图2-72 熔断器图形符号

射回去。前者称为阻性消声器，后者称为抗性消声器，也有阻抗复合式消声器。

（1）实例。消声器如图2-73所示。

（2）功能。消除空气动力性噪声。

（3）种类。消声器阻性消声器、抗性消声器、阻抗复合式消声器、微穿孔板消声器、小孔消声器和有源消声器。

（4）工作原理。

① 微孔板吸声结构的理论。在板厚小于1.0mm的薄板上穿以孔径不大于1.0mm的微孔，穿孔率为1%~5%，后部留有一定厚度的（5~20cm）空气层，该层不填任何吸声材料，这样即构成了微穿孔

图2-73 消声器

板吸声结构。它是一种低声质量、高声阻的共振吸声结构。

② 微穿孔板理论在抗喷阻消声器设计中的应用。利用微穿孔板声学结构设计制造的消声器种类很多，主要类型为抗喷阻型消声器。该型式消声器是用不锈钢穿孔薄板制成，多用于石化单位，空气腐蚀性比较大，故穿孔板后的空气层内填装的吸声材料为耐腐蚀金

属软丝布。利用吸声材料的阻性吸声原理，可进一步达到降噪消声的作用。

（5）指标。衡量消声器的好坏，主要考虑以下三个方面：

① 消声器的消声性能、消声量和频谱特性；

② 消声器的空气动力性能，压力损失等；

③ 消声器的结构性能，尺寸、价格、寿命等。

2.4.7 工业通信协议

如同上述学习到PLC可编程控制、人机触摸屏、伺服驱动这些用于机器上使用的设备，它们都是单独个体，如果把它们连接到一起，这种关系网被称为工业通信。目前工业通信有多种多样，就像这个世界上的语言多样化，而要把单独的设备连接成为一个可控的设备网络，需要同一种语言，也称通信协议。

目前能用于设备上的通信协议有很多，重点介绍以下几种。

2.4.7.1 串口通信

串口通信（serial communications）的概念非常简单，串口按位（bit）发送和接收字节（图2-74）。尽管比按字节（byte）的并行通信慢，但是串口可以在使用一根线发送数据的同时用另一根线接收数据。它很简单并且能够实现远距离通信。例如，IEEE488定义并行通行状态时，规定设备线总长不得超过20m，并且任意两个设备间的长度不得超过2m；对于串口而言，长度可达1200m。典型的，串口用于ASCTT码字符的传输。通信使用3根线完成，分别是地线、发送及接收。其他线用于握手，但不是必需的。

串口通信最重要的参数是波特率、数据位、停止位和奇偶校验。

（1）数据位。这是衡量通信中实际数据位的参数。当计算机发送一个信息包，实际的数据往往不会是8位的，标准的值是6位、7位和8位。如何设置取决于用户想传送的信息。例如，标准的ASCII码是0~127（7位）；扩展的ASCII码是0~255（8位）。如果数据使用简单的文本（标准ASCII码），那么每个数据包使用7位数据。每个包是指一个字节，包括开始/停止位，数据位和奇偶校验位。由于实际数据位取决于通

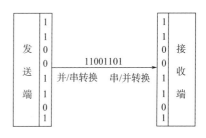

图2-74 串口通信示意图

信协议的选取，术语"包"指任何通信的情况。用于表示单个包的最后一位。典型的值为1位、1.5位和2位。由于数据是在传输线上定时的，并且每个设备有其自己的时钟，很可能在通信中两台设备间出现小小的不同步。因此停止位不仅是表示传输的结束，并且提供计算机校正时钟同步的机会。适用于停止位的位数越多，不同时钟同步的容忍程度越大，但是数据传输率同时也越慢。

（2）串口通信奇偶校验位。它是在串口通信中一种简单的检错方式。有四种检错方式：偶、奇、高和低。当然没有校验位也是可以的。对于偶和奇校验的情况，串口会设置校验位（数据位后面的一位），用一个值确保传输的数据有偶个或者奇个逻辑高位。例

如，如果数据是011，那么对于偶校验，校验位为0，保证逻辑高的位数是偶数个。如果是奇校验，校验位为1，这样就有3个逻辑高位。高位和低位不真正检查数据，简单置位逻辑高或者逻辑低校验。这样使得接收设备能够知道一个位的状态，有机会判断是否有噪声干扰通信或者传输和接收数据是否不同步。

2.4.7.2 以太网通信

以太网中所有的站点共享一个通信信道，在发送数据时，站点将自己要发送的数据帧在这个信道上进行广播，以太网上的所有其他站点都能够接收到这个帧，它们通过比较自己的MAC地址和数据帧中包含的目的地MAC地址，来判断该帧是否是发往自己的，一旦确认是发给自己的，则复制该帧做进一步处理。

因为多个站点可以同时向网络上发送数据，在以太网中使用了CSMA/CD协议来减少和避免冲突。需要发送数据的工作站要先侦听网络上是否有数据在发送，如果有，只有检测到网络空闲时，工作站才能发送数据。当两个工作站发现网络空闲而同时发出数据时，就会发生冲突。这时，两个站点的传送操作都遭到破坏，工作站进行坚持退避操作。退避时间的长短遵照二进制指数，随机时间退避算法来确定。

比较通用的以太网通信协议是TCP/IP协议，TCP/IP协议与开放互联模型ISO相比，采用了更加开放的方式，它已经被美国国防部认可，并被广泛应用于实际工程。TCP/IP协议可以用在各种各样的信道和底层协议（如T1、X.25以及RS—232串行接口）之上，如图2-75所示。

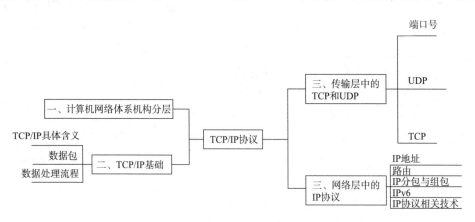

图2-75　以太网通信协议示意图

2.4.7.3 现场总线

现场总线（field bus）是近年来迅速发展起来的一种工业数据总线，如图2-76所示。它主要解决工业现场的智能化仪器仪表、控制器、执行机构等现场设备间的数字通信以及这些现场控制设备和高级控制系统之间的信息传递问题。由于现场总线简单、可靠、经济实用等一系列突出的优点，因而受到了许多标准团体和计算机厂商的高度重视。

它是一种工业数据总线，是自动化领域中底层数据通信网络。简单来说，现场总线就是以数字通信替代了传统4~20mA模拟信号及普通开关量信号的传输，是连接智能现场设备和自动化系统的全数字、双向、多站的通信系统。

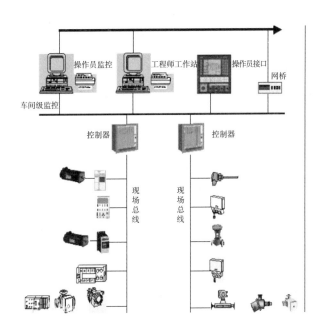

图2-76　现场总线示意图

2.4.7.4　Modbus

Modbus是一种串行通信协议，如图2-77所示。该通信协议是Modicon公司（现在的施耐德电气Schneider Electric）于1979年为使用可编程逻辑控制器通信而研发的。Modbus已经成为工业领域通信协议的业界标准（De facto），并且是现在工业电子设备之间常用的连接方式。

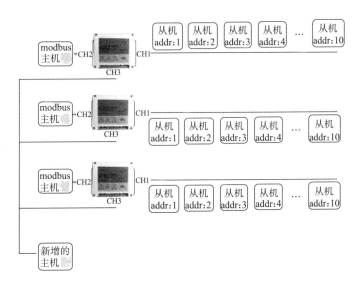

图2-77　Modbus示意图

RS-485上的软件层协议ModBus主要依赖于主从模式。主从模式是指在半双工通信方式上，两个或者两个以上的设备组成的通信系统。

（1）只有一个主机，其他都是从机。

（2）不管任何时候，从机都不能主动向主机发送数据。

（3）主机具有访问从机的权限，从机不可以主动访问从机，任何一次数据交换，都要由主机发起。

（4）不管是主机还是从机，系统一旦上电，都要把自己置于接收状态（或者称为监听状态），主从机的数据交互，需要满足：

① 主机将自己转为发送状态。

② 主机按照预先约定的格式发出寻址数据帧。

所谓的约定是主机开发者和从机开发者约定好的规则，例如主机要通过从机控制接在从机的电动机，主机要启动电动机就往从机发0x1，停止电动机就往从机发0x2。这就是一种预先约定好的格式，但是这样做，互换性、兼容性、通用性差，例如，其他公司是约定发送0x03让电动机转动，发0x04让电动机停止。导致不同厂家的主机、从机不能相互通信。

2.4.7.5　进制

在通信中，传输的最为重要的就是数据，而在这些数据中，可以用不同的进制转换出不同的结果，而这些结果可以更贴合使用实际情况。例如，十进制数57，在二进制中写作111001，在8进制中写作71，在16进制中写作39。

十进制是逢十进一，十六进制是逢十六进一，八进制是逢八进一，二进制就是逢二进一，以此类推，x进制就是逢x进位。

（1）十进制。十进制的基数为10，数码由0~9组成，计数规律逢十进一。

（2）二进制。二进制有两个特点：它由两个数码0、1组成，二进制数运算规律是逢二进一。例如0100、1010、1011。

（3）八进制。由于二进制数据的基数R较小，所以二进制数据的书写和阅读不方便，为此，在小型机中引入了八进制。八进制的基数$R=8=2^3$，有数码0、1、2、3、4、5、6、7，并且每个数码正好对应三位二进制数，所以八进制能很好地反映二进制。八进制用下标8或数据后面加O表示。例如，二进制数据（11 101 010 . 010 110 100）其对应的八进制数据是（352.264）$_8$或352.264O。

（4）十六进制。由于二进制数在使用中位数太长，不容易记忆，所以人们又提出了十六进制数。十六进制数有两个基本特点：它由16个数码：数字0~9加上字母A~F组成（它们分别表示十进制数10~15），十六进制数运算规律是逢十六进一，即基数$R=16=2^4$，通常在表示时用尾部标志H或下标16以示区别，在C语言中用添加前缀0x以表示十六进制数。例如，十六进制数4AC8可写成（4AC8）$_{16}$，或写成4AC8H。

2.4.8　电气设备使用的影响因素

电气设备使用的影响因素一般包括：温度、湿度、灰尘、海拔高度、人为及物触因素和其他因素。

常规铺布机使用时的外部环境条件见表2-2。

表2-2 外部环境条件

外部因素	一般电气设备使用范围
温度/℃	-20~+45
相对湿度/%	≤55
粉尘/(mg/m³)	10
海拔高度/m	≤1000

2.4.8.1 温度的影响

电气设备在运行中如果温度过高或过低，超过允许极限值时，都可能产生故障。

（1）对导体材料的影响。温度升高，金属材料软化，机械强度将明显下降。如铜金属材料长期工作温度超过200℃时，机械强度明显下降。铝金属材料的机械强度也与温度密切相关，通常铝的长期工作温度不宜超过90℃，短时工作温度不宜超过120℃。温度过高，有机绝缘材料将会变脆老化，绝缘性能下降，甚至击穿。

（2）对电接触的影响。电接触不良会导致许多故障。

（3）对元器件的影响。从某种意义上讲，在未损坏的情况下，温度对电器元件的影响主要体现在零漂和线性度上，过高的气温导致器件散热效果下降，温度上升，超过其极限时会发生击穿、短路、断路等器件损坏性故障。

首当其冲就是热敏电阻与电解电容，电解电容在低温时（多少度会有所不同），容值会减少一半甚至失容；高温时寿命会直线下降，所以所有的电子产品计算寿命时都是按照电解电容来算的。

2.4.8.2 湿度的影响

绝大部分电气设备都要求在干燥条件下使用和存放，当然过低的湿度（环境特别干燥）会产生静电，对电气设备使用不利，需要控制在适当的湿度范围内。

（1）对集成电路的影响。潮湿对半导体产业的危害主要表现在潮湿能透过IC塑料封装从引脚等缝隙侵入IC内部，产生IC吸湿现象。在表面组装技术（SMT）过程的加热环节中形成水蒸气，产生的压力导致IC树脂封装开裂，并使IC器件内部金属氧化，导致产品故障。此外，当器件在PCB板的焊接过程中，因水蒸气压力的释放，也会导致虚焊。

（2）对其他电子器件的影响。电容器、陶瓷器件、接插件、开关件、焊锡、PCB、晶体、硅晶片、石英振荡器、SMT胶、电极材料黏合剂、电子浆料、高亮度器件等，均会受潮湿的危害。

电气设备在使用过程中受到湿度的危害，如在高湿度环境下使用时间过长，将导致故障发生，对于计算机板卡CPU等，会因氧化导致接触不良而引发故障。

2.4.8.3 粉尘的影响

粉尘会影响电气设备的控制系统及其他电子元器件的可靠性，使设备使用寿命缩短，产品质量无保障，工作条件及环境变差，各种烟尘和废气对人体造成伤害。

（1）造成电气设备短路。生产过程中产生的粉尘大多具有吸水性、电阻小的特征，很容易在电气设备的周围凝集沉降，从而减小了电气距离，破坏了电气设备的绝缘强度，在线路过电压或电气操作过程中极易造成电气击穿短路事故。还有粉尘堆积在端子板上，造成电气误动、短路等，对其安全运行造成很大危害。

（2）造成电气开关接触不良。粉尘堆积于电气开关的触头之间、电磁铁芯之间都会造成电气开关接触不良等故障，尤其是在继电器的接触器控制电路中影响最大。电气控制系统动作不稳定，时好时坏，从而引起的单相运行触头粘连等现象时，常造成设备事故的发生。

（3）粉尘造成的通风不良。电动机的冷却是由通风道的排热、自带风扇强迫冷却和机壳散热所完成的，往往由于通风道粉尘堵塞或机壳上粉尘堆积，使电动机的温升比平常情况下高出10℃以上，造成电动机运行温度过高，承载能力下降。

2.4.8.4　海拔的影响

常规电气设备是指海拔在1000m以下使用能完成的工况的设备。海拔影响通常是指电气设备使用场合海拔比常规实验海拔高出很多，比如我国的西藏地区。

（1）海拔对温度的影响。

① 海拔高会使电气设备产生发热严重的现象，例如常用的电磁感应装置，工作要靠旋转磁场，在高海拔下由于绝缘材料发热严重会缩短其使用寿命。

② 海拔过高环境温度低，温度过低有的运转设备使用的润滑油会干涩，甚至无法正常使用，会导致设备过负荷。低温也会影响继电器，继电器虽然是怕热元件，但温度过低（如军用航空条件-55℃）也会影响正常工作。低温可使触点冷粘作用加剧，触点表面起露，衔铁表面产生冰膜，使触点不能正常转换，尤其是小功率继电器更为严重。试验证明，对于有些按部标生产的国产小功率继电器，虽然使用条件规定低温为-55℃，但实际上在此条件下，继电器根本无法进行正常转换。

（2）海拔对气压的影响。

① 海拔过高会产生低气压，在低气压条件下，继电器散热条件变差，线圈温度升高，使继电器给定的吸合、释放参数发生变化，影响继电器的正常工作；低气压还可使继电器绝缘电阻降低、触点熄弧困难，容易使触点烧熔，影响继电器的可靠性。对于使用环境较恶劣的条件，建议采用整机密封的方法。低气压还会造成断路器的外绝缘强度降低。起晕电压低，造成电晕放电。

② 空气密度减小引起热传递效率降低，靠空气冷却的部件散热变慢；空气减少降低绝缘介质强度，使装置容易放电，致使通常的绝缘距离变得不够。

（3）高海拔地区电气设备设计选型考虑因素。

① 海拔地区电气设备选型应考虑温度，冬天温度较低，特别是户外设备，应选择合适低温的产品，或者采取加温措施。

② 高海拔地区气压低，由于气压降低，原来电子元器件的散热性能明显降低，所以必须降低额定电流值、额定功率值使用。

③ 由于低气压，所以PCB和线路的耐压降低，要增加爬电间隙；提高耐压强度。

④ 由于低气压，继电器必须使用带TH后缀的适合高原的产品。

⑤ 在高原还要考虑高强度紫外线的影响。

2.4.8.5　人为及物触因素的影响

人为因素指对电气设备完全没有概念的人由于种种原因引起的设备故障，需要设计者与使用者做好相关警示防范措施，避免出现设备故障而影响设备寿命。

物触因素是指各种动物比如鸟类、鼠类等触及电气设备引起故障，需要做特别防护。

2.4.8.6　其他因素影响

其他因素指一些不可预见的外力因素，为小概率事件，如暴风、雷电、临时性大磁场等不可抗力。

需要设计、制造、使用时提前预防并加强并防范，如对设备做防风、防雷及防电磁屏蔽等考虑。

复习思考题

1.简述构成整机的几大部分。

2.辅助机构分别是什么？

3.电控的结构及其工作原理是什么？

4.铺布机中有哪些电器元件？

5.外部影响的几大因素是什么？

第3章

铺布机安装

铺布机的安装步骤如下：

3.1 勘察场地（楼层）

（1）机器摆放位置、方向、通道。
（2）设备所用台板上方灯管高度。
（3）电控箱安装位置。
（4）确定机器入场的路径。

3.2 拆箱

（1）检查外箱是否完好。
（2）使用工具拆开木箱以及固定机器的螺丝。
（3）找出配件清单，检查零配件有无缺失。

3.3 抬机

（1）安装在一楼：整台机器可以直接用抬杆抬到台板上。
（2）安装在二楼或以上（因楼梯过道宽可以分拆）：上、下主机分离抬法（分离需要拆卸：防翘板、对边电动机连接线、感应连接线、警示灯线），先把下主机抬到指定位置，后抬上主机。
（3）安装在二楼或以上（因楼梯过道窄不能分拆）：使用吊车，整台铺布机吊到车间。

3.4　安装

3.4.1　导向轮

3.4.1.1　先安装A侧导向轮

A侧为固定端；使导向轮和裁床板不锈钢边相贴合；用手拨动导向轮，能正常转动；如图3-1所示。

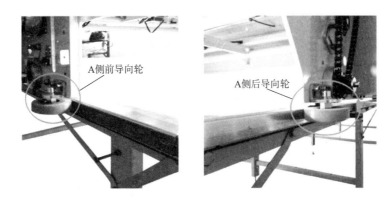

图3-1　A侧导向轮安装示意图

3.4.1.2　后安装B侧导向轮

B侧为可调节端；导向轮与不锈钢板相贴合；用手拨动导向轮，能正常转动；如图3-2所示。

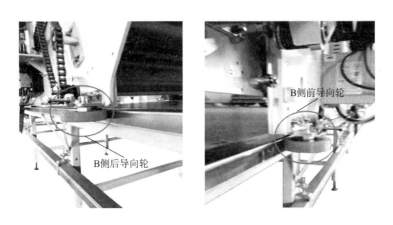

图3-2　B侧导向轮安装示意图

3.4.2　电轨

安装L铁和吊夹，电轨头距离裁床板的第一个脚架40cm处安装；依次向前安装电轨，并调节好电轨接头，固定好螺丝；调节电轨，使其水平，如图3-3所示。

3.4.3 安全挡板

3.4.3.1 后挡板

后挡板左右安装在第一张板的两边；固定在不锈钢边上，防止机器向后退发生意外，如图3-4所示。

3.4.3.2 前挡板

裁床板左右固定在裁床板侧面的两边及机器利用电轨最大率的位置，如图3-5所示。

图3-3 电轨安装示意图

(a)

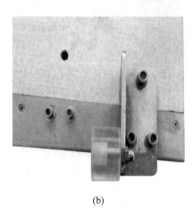

(b)

图3-4 后挡板安装示意图

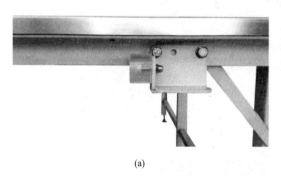

(a)

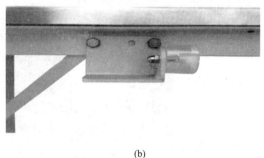

(b)

图3-5 前挡板安装示意图

3.4.4 刹车柱、刹车线

刹车柱安装在裁床板两边的脚位上，刹车线从螺丝中间孔穿过，如图3-6所示。

先用钢丝卡固定刹车线的一端，如图3-7所示。

另一端和拉簧连接在一起，如图3-8所示。

用铁链和刹车开关相连如图3-9所示。

串联开关线接常闭点（NC）出线两条，如图3-10所示。

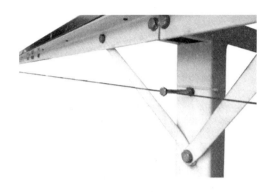

图3-6 刹车柱、刹车线安装示意图

图3-7 钢丝卡固定刹车线一端示意图

图3-8 另一端和拉簧连接示意图

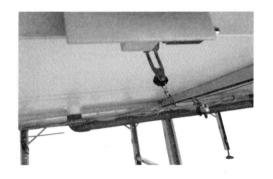

图3-9 铁链和刹车开关安装示意图

3.4.5 电源线

（1）先安装滑车使用四芯线连接公母接头，滑车"1"接火线，"2"接零线，"3"接刹车线，滑车外壳接地线，如图3-11所示。

电轨内部三根铜条接电源线，如图3-12所示。

（2）火线接内侧里面的铜条。

（3）中间铜条接零线和其中一条刹车线。

图3-10 串联开关安装示意图

(a)　　　　　(b)　　　　　(c)

图3-11 滑车电线安装

（4）外面铜条接另一条刹车线，地线接电轨外壳。

（5）公母接头的公头用四芯线连接交流接触器1L1接火线、3L2接零线、5L3接刹车开关线、地线接机器壁，如图3-13所示。

图3-12　电轨内部电线安装　　　　　图3-13　接头连接电线示意图

3.4.6　连接上主机和下主机线

如图3-14所示，连接上主机和下主机。

（1）连接上主机和下主机的线，有解布电动机线、布斗电动机线。

（2）连接拨边电动机线，警示灯线，手动解布线，解布感应线。

（3）用扎带固定线能够使上主机自由活动而不会碰到线，固定对边电动机的齿轮完全有效吻合。

图3-14　上主机和下主机电线连接示意图

3.4.7　安全断电装置

如图3-15所示，安装安全断电装置。

（1）安全断电开关安装在主机挡板B下接常闭点（NC）。

（2）断电块安装在原点位后5cm和前极限位置前10cm，保证机器的安全使用。

3.4.8　外壳与底盘

外壳分别包括上主机左右、下主机左右、裁刀左右、底盘分左右，如图3-16所示。

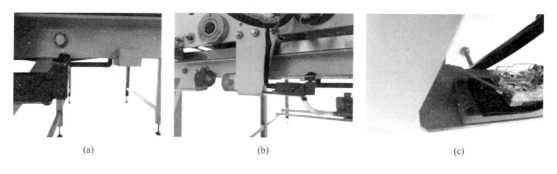

(a)　　　　　　　　(b)　　　　　　　　(c)

图3-15 安全断电装置示意图

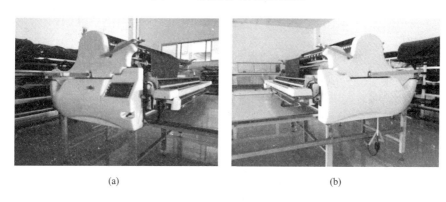

(a)　　　　　　　　　　　(b)

图3-16 外壳试装示意图

左右底盘分别固定在支撑管上，中底盘固定在左右底盘上，如图3-17所示。

3.4.9 裁刀组件

裁刀组件安装时，裁刀两侧切刀壁挂在升降壁的L铁垫圈上，与17P公母接头相连接，如图3-18所示。

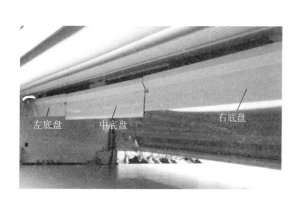

图3-17 底盘安装示意图

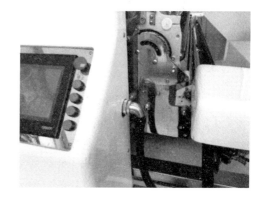

图3-18 裁刀组件安装示意图

3.4.10 移折器与固折器

移折器与固折器的安装如图3-19所示。

（1）主机固定好后，移折器安装时针，板覆盖在椭圆管上。

（2）两边的培林轴与凸杆均分位置，紧固移折器、导向轴承。

（3）两边的培林轴与凸杆均分位置，固定固折器、滑座底板。

（4）固折器前行和后退，可以取下塞柱进行移动。

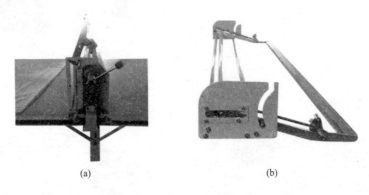

(a)   (b)

图3-19　移折器与固折器安装

3.4.11　同步编码器

同步编码器安装在台板不锈钢侧面，固定在A侧安全挡板上，如图3-20所示。

3.4.12　试机运行

（1）安装完机器，进行机器试运行；

（2）检测有无异声，调节长度修正，使机器在运行中的距离与客户所需长度一致；

（3）调节左减速距离与右减速距离，使机器效率最大化。

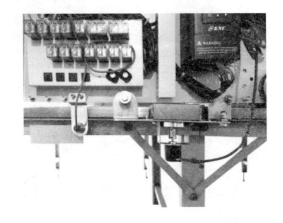

图3-20　同步编码器安装

3.4.13　培训操作

（1）培训操作人员不少于2人（维修员除外）。

（2）培训操作人员熟悉操作说明书。

（3）培训操作人员熟悉按钮开关。

（4）培训操作人员熟悉计算机屏幕界面。

（5）培训操作人员进入参数页面，调节参数。

（6）加速补偿：调节加速时的松紧度，"＋"越大越松，"－"越大越紧。

（7）减速补偿：调节减速时的松紧度，"＋"越大越松，"－"越大越紧。

（8）双拉校正：双拉时后面往前运行时的松紧度，"＋"越大越松，"－"越大越紧。

（9）单拉回收：机器到原点的位置前，送布滚轮停止放布。

（10）双拉回收：机器到原点和终点的位置前，送布滚轮停止放布。

（11）双拉左吐布和双拉右吐布：在使用移固折器时，进行参数的调节，多吐布料给移固折器压住。

（12）调节不同布料时，利用数据配方保存参数，以后使用时进行调用，以便操作。

（13）培训操作人员，放布时注意，匹布整齐，计算机屏幕边的布边要与对边电眼呈一条线。

（14）培训操作人员，机器铺布时两头整齐（1cm），对边电眼一边要整齐，布面平整，松紧度一致，符合客户要求。

（15）培训操作人员，机器铺完一床布后，利用气浮把布往前移动，方便机器后续铺布。

（16）培训维修人员（电工）维修，包括机器部件结构、电器名称、电路图、易损件更换。

（17）两条以上的裁床板，机器需移动，活动台上四个角装挡板。

（18）在机器移动到活动台上之前，拆两个挡板，把活动台推到裁床板的后面，活动台上的扣扣住裁床板上的钩上，踩住活动台上的行走轮刹车以示固定，拆开公母接头电源线管和滑车锁扣断开，把裁床板后挡板拆开，用力把机器推到活动板上，固定挡板，活动台扣打开，把活动台推到另一块裁床板后面，活动台扣住裁床板的钩上，踩住活动刹车把机器向前推到裁床板上，原点感应对应归零定规，对接公母接头锁扣连接电源线管和滑车，如图3-21所示。

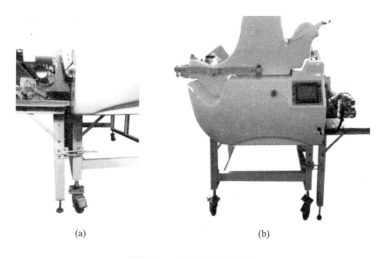

(a)　　　　　　　　　　　(b)

图3-21　机器安装示意图

3.4.14　验收条件

在各装置的安装调试后，由客户验收，同时请在验收单上签字，确认完成交货验收。

第4章

铺布机的调试

设备调试是为了使设备能够安全、合理、正常地运行，避免发生意外事故给国家企业造成经济损失和发生人员伤亡。

4.1　调试分类

调试可分为机械调试和电气调试。机械调试应保证安装精度，电气调试保证设备功能正常稳定。所有机器要经过调试，完成24h疲劳测试才能出厂。

4.2　调试过程

（1）机械调试的第一步就是安装好导向轮，保证在调试过程中设备固定在台板上；然后检查设备螺丝是否拧紧，且每个螺丝应做好位置标识，防止螺丝松动。再与电气调试相互结合，检查各个机械结构运行是否顺畅，有无异响，磨损是否过度。

（2）完成螺丝位置标识后，要连接上下主机的连接线，保证上主机的电气设备运行正常。且连接线要固定在预留的位置上，防止连接线掉落、刮伤。

（3）将所有的连接线正确连接，安装好裁刀后，就可以开始检查电气设备。先检查所有的连接线连接是否固定好，再检查导线有无掉落，防止通电发生故障。

（4）用万用表检查零、火线，24V直流电源是否短路，防止通电爆炸。检查整流器接线输入输出有无接反，这点非常重要，如果接反不仅会烧坏电器还可能引发火灾。然后按下急停开关，就可以通电了。

（5）接好电源，可以通过人机界面上的按钮按下启动开关，检查是否能正常上电断电。再检查人机界面、PLC、伺服启动是否通电，用万用表检测24V直流电源是否接反。

（6）松开急停，检查变压器是否发热、有异味，然后再输入变频器参数。

4.2.1　变频器按钮功能

如图4-1所示是常用的变频器，还有各个按钮的功能解释，按照对应的机器输入对应的参数。

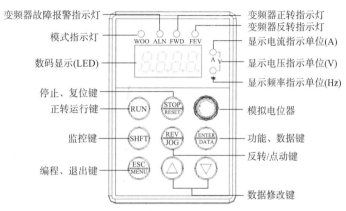

图4-1　变频器按钮功能

4.2.2　人机界面

输入好所有参数，就可以在人机界面开始测试所有功能的运行情况，主界面如图4-2所示。

（1）主界面左侧是电源开关，下方绿色的是辅助按钮，用来手动操作时提高左右行走或者送布滚轮的速度，再下方的是裁刀的升降。

（2）主界面右侧红色的按钮是停止按钮，下方两个是松紧度加减按钮，最下方的两个是送布滚轮手动操作按钮。

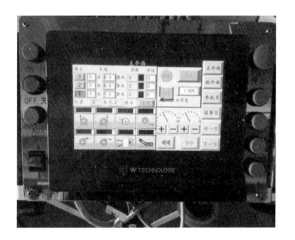

图4-2　主界面

4.2.3　检查归零

在模式1状态下输入行走的长度，然后按下归零按钮，查看是否正常归零。

归零不正常一般从三个方面来检查：一是先观察机器是否行走及行走方向；二是编码器有无反馈输入，编码器方向，观察位置长度有无改变、是否正常；三是观察原点传感器输入输出是否正常。

4.2.4　正常运行检查

检查归零没有问题之后即可启动机器，查看运行是否正常，运行两个来回后，按下停止按钮，检查布斗、解布、裁刀行走是否正常，这三个都是在检查变频器输出是否正常。检查运行方向，如方向反了，可在相对应的电动机三相电源线调换两相即可反向运转，运转时查看机械是否有异响，运行是否正常。

4.2.5 检查圆刀、压条、裁刀是否正常

4.2.5.1 圆刀不转

圆刀不转最直接的原因就是没有24V直流电源，可以用万用表结合电路图，检查24V电源，如果有24V电源接入电路就证明圆刀电动机是坏的。

4.2.5.2 压条不动

用万用表检查裁刀上面的电源线，12号线为零线，10、11号线为火线且只能一个有带电，检查电动机是否过热，如过热则为压布电动机的行程开关接反。

4.2.5.3 裁刀过冲

裁刀过冲的原因一个是参数设置"过长"，还有一个是位置检测传感器故障，然后再安装对边电动机，检查所有传感器、行程开关是否正常，按钮功能是否正常，然后即可进行拉布测试。

（1）所有功能测试完毕，拉完布，即可开始24h疲劳测试。检查所有的螺丝是否有松动，再拉布测试。

（2）测试完成，清洁、打包。

4.3 铺布机主要指标

铺布检测是检验铺布机的最主要功能，如果铺布都不行，则无法出厂。铺布机的主要指标如下：

（1）铺布宽度。

（2）最大铺布宽度。

（3）平整度。

（4）对边齐。

（5）最大驱动速度。

（6）铺布精度。包括纵向铺布误差和横向铺布误差。

第5章

铺布机的整机测试和检验

5.1 外观质量

（1）涂装件表面。涂装件表面应符合QB/T 2528—2001中5.1的规定。

（2）电镀件表面。电镀件镀层表面应符合QB/T 1572—1992中6.1.1的规定。

（3）发黑件表面。发黑件镀层表面应符合QB/T 2505—2000中3.1的规定。

（4）外露件表面。外露零、部件及螺钉头部应无毛刺。

（5）塑料件表面。同台、同类各塑料件表面应色泽一致，无缩水变形、披锋毛刺、缺料，不应有明显缩凹和划伤。

（6）不锈钢件表面。表面光滑平整，不能有生锈、凹痕、变形、披锋毛刺、碰划伤等现象。

（7）框架表面。各框架表面应光滑、平整，色泽基本一致，不应有明显凹痕、擦伤、裂纹、变形。

（8）台板表面。台板表面应光滑、平整，色泽基本一致，不应有明显凹痕、擦伤、裂纹、变形。

（9）机器整体外观。表面不可有脱漆、掉漆、刮花、碰伤、变形等现象。

（10）机器外壳。试装与机器吻合，不能有错位、间隙；颜色符合色板要求，整体颜色一致，无明显色差。

（11）裁刀。裁刀不能有变形、刮伤现象。

（12）包胶件。送布滚轮、圆筒布、内压、外压等包胶管件，不可有脱胶、破损，需包紧。

（13）控制按钮和按键。不可松动。

（14）人机触摸屏。显示清晰，表面不能有划痕。

（15）电气线路。外露的电气线路和接插件安排应整齐、牢固、美观，应有明确的标志，标志应牢固、清晰、耐久。

（16）连接和布线：连接和布线应符合下列要求：

① 所有连接应牢固，无意外松脱的危险。

② 为满足连接、拆卸电线和电线束的需要，应提供足够的附加长度。

③ 只要可能，应将保护导线靠近有关负载导线安装，以便减少回路阻抗。布线通道

与导线绝缘接触的锐角、焊渣、毛刺应清除，过孔处应加护口防护。

④无封闭通道保护的电线、电缆在敷设时，应使用绝缘套管或绝缘缠绕带保护。

（17）丝印。LOGO标识清晰，位置与方向正确，且符合客户要求。

（18）机器清洁。清洁干净，无残留灰尘、999蜡、黑色胶黏物、铁屑等物质。

5.2 表面处理

机器零件表面处理包括：电镀、烤漆、发黑、阳极氧化及抛光。

5.2.1 电镀

电镀表面分区见表5-1，检验要求见表5-2。

表5-1 电镀表面分区

区域	特性	范围	重要程度
A面	主要外露面	指产品的正面，即产品安装后最容易看到的部位	极重要
B面	次要外露面	指产品的侧面、向下外露面、边位、角位、接合位、内弯曲位	重要
C面	不易看到的面	指产品安装后的隐藏位、遮盖位	一般重要

表5-2 电镀表面检验要求

项目	要求
色泽	电镀颜色与色板一致
脱皮	镀层不能有脱落现象
起泡	镀层不能有起泡现象
脏污	产品表面不能有手印、药水及其他脏污现象
变形	制品加工处理后，其基体及孔位不能有变形现象
斑点	产品表面不能有明显的凹凸点及异色点（如麻点、亮点、氧化点）
擦花、刮花、划伤、碰伤	产品表面无明显擦花、刮花、划伤、碰伤现象
碰伤	产品表面不能有明显的碰伤现象
水印	产品表面不能有明显的水渍、水印
黑印、白印	产品表面不能有明显的异色斑迹（如黑印或白印）
漏镀	产品表面不允许有镀层未镀上、露底或生锈的情况
尺寸	各控制尺寸符合产品标准规定
膜厚	镀层厚度符合产品标准规定
耐腐蚀	镀层/漆膜的防腐能力达到规定要求，耐盐雾测试≥24h
附着力	电镀层、油漆与基体结合牢固，百格测试合格
六价铬	六价铬含量低于1000mg/kg
高温高湿	产品经高温高湿测试无外观异常，表面无起泡、破损、脱色、氧化、腐蚀等现象

续表

项目	要求
硬度	油漆硬度达到产品标准规定
包装	按客户指定的方式或本公司要求进行包装和标识

5.2.2 烤漆

相关检测项目及验收标准见表5-3，烤漆外观缺陷允收标准见表5-4。

表5-3 相关检测项目及验收标准

序号	检测项目	检测设备	测试方法	抽样标准	判定依据
1	外观	目视	直接目视	AQL	—
2	尺寸	卡尺、卷尺	直接测量	5件/批	依据图纸
3	色差测试	目视	对比色板，直接目视（目视有色差时，应使用色差仪检测判定）	2件/批	目视无明显色差
3	色差测试	色差仪	使用色差仪取色板值，再与实物测量对比	2件/批	烤漆（金属漆）色差：$\Delta E \cdot ab \leq 1.0$
4	漆膜厚度	涂层测厚仪	使用涂层测厚仪先校准，再直接在产品上取点测量，取点为门板A级面四角20cm×20cm范围内及中间位置共5个点	2件/批	烤漆：30~50μm
5	百格测试	百格刀	使用百格刀划出1mm间隔、深及底材。使用毛扫清理残屑。再使用3M测试胶带粘贴，手压合，确保完全贴合，再垂直拉起。确认漆层掉落程度	1次/月	产品漆层经百格试验后，满足 ISO 1级（切口交叉处允许少量薄片分离，但划格区域受影响面积不大于5%）
6	硬度测试	2H铅笔、直尺	用2H或2H以上硬度的铅笔，与漆面呈45°，施加压力（750gf），沿直尺向前推动10~15cm，30s后检查涂层表面；依据GB/T 6739—2006《色漆和清漆 铅笔法测定漆膜硬度》	1次/批	漆膜表面硬度：≥2H擦拭后检查漆层表面，表面不允许出现划痕
7	盐雾测试	盐雾试验机	参照ISO 7253 盐雾实验，试验溶液是将氯化钠溶解于符合GB/T 6682—2008规定的三级水中，浓度：（50±5）g/L；温度:（35±2）℃	1次/月	连续盐雾48h，无锈迹、涂层脱落现象
8	酒精测试	工业酒精	用棉纱浸泡在浓度为95%以上的酒精内，以1kg的力对漆面来回2s一次擦拭50次（若用天那水测试时可以为30次），不允许有掉漆或变色现象	1件/批	不允许出现掉漆或变色现象

表5-4　烤漆外观缺陷允收标准

序号	缺点项目	A级面允收标准	B级面允收标准	C级面允收标准
1	流漆	不允许	不允许	不影响装配的允许
2	堆漆	不允许	不允许	不影响装配的允许
3	异色	不允许	不允许	不影响性能的允许
4	颗粒	允许φ0.3mm以下（不密集）的不限点数；允许φ0.3~0.5mm的五点（相互间隔20mm以上）；0.5mm以上的不允许	每平方米允许φ0.5mm以下不限点数；φ1.0~2.0mm的五点（相互间隔20mm以上）；φ2.0~4.0mm的三点	不影响装配的允许
5	溢漆	不允许	轻微允许	允许
6	气泡	不允许	不允许	不影响功能的允许
7	针眼	不允许	允许三点以下（相互间隔20mm以上）	允许
8	橘皮	不允许	不允许	不影响装配的允许
9	刮伤、划伤	不允许	无手感宽≤0.50mm，长≤10cm允许3条（相互间隔30.0mm以上）或宽0.50~1.0mm，长≤20.0mm允许1条，有手感不允许	无手感允许（刮、划伤总面积占总区域需≤10%）等影响装配的不允许
10	喷点	不允许	不允许	不影响装配的允许
11	脱皮、露底	不允许	不允许	不影响功能的允许
12	变形	不允许	不允许	不影响装配及功能的允许
13	脏污	不允许	不允许	无明显易去除的脏污、油污不明显且不呈水滴状
14	氧化（生锈）	不允许	不允许	不允许

5.2.3 阳极氧化

（1）外观。阳极氧化的外观应均匀、平整，不允许有色差、皱纹、裂纹、气泡、流痕、夹杂、发黏和漆膜脱落等缺陷。

（2）表面粗糙度。表面粗糙度应达到设计要求值。

（3）阳极氧化厚度。阳极氧化膜厚度为5~9μm，硬质阳极氧化膜厚度为18~28μm。

（4）硬质阳极氧化皮膜硬度。硬质阳极氧化皮膜硬度为300~500HV。

（5）漆膜附着性。漆膜的干附着性、湿附着性和沸水附着性均应达到0级。

5.2.4 发黑

5.2.4.1 外观要求

（1）外观呈蓝黑色或深黑色，色泽应均匀，无明显色差（白斑、发花）、发白、发红、偏蓝色等异常现象。

（2）膜层结晶致密、均匀，产品无露底。

（3）不允许有未发黑的斑点、沉淀物。

5.2.4.2　试验要求

（1）表面应具有良好的致密度，经过致密度试验。

（2）表面应具有良好的耐摩擦性能，经过耐摩擦试验，不得出现脱色或露底现象。

（3）表面应具有一定的防腐蚀性能，经过抗防腐试验，不得出现腐蚀斑点或锈蚀斑点现象。

5.2.4.3　环保性要求

产品发黑后要求：无毒、无异味、环保，发黑剂不得含有硒化物、亚硝酸盐、铬等有毒化合物。

5.2.5　抛光

5.2.5.1　镜面检验

① 镜光表面粗糙度要求达 $\overset{0.4}{\triangledown}$ 以上。

② 产品轮廓线型流畅，表面光亮、无白雾、无异色，呈镜面；无塌边、塌角、波浪纹现象。

③ 面与面之间接合部位过渡光滑，无明显分界。

④ 表面不允许有发黄、发黑或生锈的现象。

⑤ 表面无划痕、刮伤、擦伤、斑点、针孔、麻点、手指印、油污、水渍印等缺陷。

⑥ 表面无砂孔、砂眼、磕碰伤。

⑦ 工件焊接处经抛光后，正面无砂孔、虚焊、发黄、不平、裂纹、变形等缺陷。

⑧ 四周R、C角过渡圆滑，无手感接线痕，且目视不明显。

⑨ 产品抛光后各个面清洁，无抛光残留物。

5.2.5.2　拉丝检验

① 拉丝表面粗糙度要求达 $\overset{0.8}{\triangledown}$ 以上

② 产品轮廓线型流畅，无塌边、塌角、波浪纹现象。

③ 面与面之间接合部位过渡光滑，无明显粗糙度的分界。

④ 表面不允许有变形、发黄、发黑及生锈的现象。

⑤ 表面无划痕、刮伤、擦伤、斑点。

⑥ 表面无砂孔、砂眼、磕碰伤。

⑦ 抛光表面纹路一致，无纹路交错现象。

⑧ 产品抛光后各个面清洁，无抛光残留物。

⑨ 四周R、C角过渡圆滑，无手感接线痕，且目视不明显。

5.3　机器性能、运行性能和铺布性能

5.3.1　机器性能

（1）最大行走速度：106m/min。

（2）最大铺布厚度：应符合产品使用说明书规定的要求。

（3）运转噪声：铺布机在额定工作电压下空载运行，噪声声压级≤65dB（A）。

（4）运行能耗量：铺布机的空载运行能耗量≤1kW·h。

铺布机精度应满足：纵向铺布误差≤8mm，横向铺布误差≤5mm。

行走精度误差≤2mm。

5.3.2　运行功能

（1）自动磨刀。铺布机应能根据不同面料，调整所设定的磨刀层数，进行自动磨刀。

（2）自动对边。铺布机应能自动识别铺布过程中布料横向偏移情况，并自动反向校正。

（3）参数设置。铺布机应能设置铺布的长度、层数、速度、模式（单拉、双拉）等参数。

（4）保存和再次调用。设备可手动和自动运行，具备帮助和提示、自诊断功能等要求。

（5）机器运行顺畅，无异响。

（6）托布杆转动灵活，无异响。

（7）移固折器需经过调试，不能有刮边现象。

（8）耐久性能。机器经过3天运行测试，运行正常。

5.3.3　铺布性能

（1）线路检查。接线正确，线头需焊牢，线不能有松脱及虚焊现象。

（2）对边检查。对边需整齐。

（3）试拉布。机器出货前需进行拉布作业，拉布需整齐，长度、宽度需一致。

（4）试切布。机器出货前需进行切布作业，需试切布5次以上，检查切布是否平齐，裁刀作业是否顺畅，不能有行走不顺现象。

5.4　电动机运转性能

5.4.1　电动机运转性能参数及特殊参数说明

电动机性能参数包括：输入功率、输出功率、额定电流、堵转电流、额定转速、功率

因素、效率、堵转转矩、额定转矩、最大转矩、转动惯量、相间绝缘电阻、相对地绝缘电阻等。

5.4.2　电动机固有步距角

电动机固有步距角表示控制系统每发出一个步进脉冲信号，电动机所转动的角度。

步进电动机的相数是指电动机内部的线圈组数，目前常用的有二相、三相、四相、五相步进电动机。电动机相数不同，其步距角也不同，一般二相电动机的步距角为0.9°/1.8°、三相电动机为0.75°/1.5°、五相电动机为0.36°/0.72°。

5.4.3　保持转矩

保持转矩是指步进电动机通电但没有转动时，定子锁住转子的力矩。它是步进电动机最重要的参数之一，通常步进电动机在低速时的力矩接近保持转矩。

5.4.4　相数

相数是指电动机内部的线圈组数，产生不同对极N、S磁场的激磁线圈对数，在没有细分驱动器时，用户主要靠选择不同相数的步进电动机来满足自己步距角的要求。如果使用细分驱动器，则相数将变得没有意义，用户只需在驱动器上改变细分数，就可以改变步距角。

5.4.5　电动机调试检测

（1）主电动机运行正常（伺服驱动）。

（2）送布电动机运行正常（伺服驱动）。

（3）布斗电动机运行正常（显示BD）。

（4）解布电动机运行正常（显示CM）。

（5）拨边电动机运行正常（显示EMP）。

（6）压布电动机运行正常（显示PD）。

（7）刀行电动机运行正常（显示CM）。

（8）圆刀电动机运行正常（显示CR）。

（9）升降电动机运行正常（显示FUFD）。

（10）减速机运行正常，不能有漏油现象。

（11）对边电动机运行正常（显示ELER）。

5.5　装配性能检测

铺布机装配性能检测包括以下内容：

（1）螺丝紧固：上下主机螺丝不可松动、缺少，螺丝不能有滑牙；上下主机合机螺丝是否拧紧。

（2）升降链条是否过松。

（3）三色灯：警示灯绑线是否正确。

（4）送布滚轮组件及布斗组件是否少装配件。

（5）松紧按钮、送布收布按钮不能有装反现象。

（6）确认人机界面与指令单要求是否一致。

（7）防跷板是否安装。

（8）升降608轴是否过松。

（9）上下主机外壳是否有刮碰现象。

（10）惰轮臂是否有刮花管现象。

（11）光电开关确认（是否有反光板及电眼位置），光电开关安装螺丝拧紧。

5.6　电气安全要求

铺布机电气安全要求如下：

（1）急停装置：铺布机应在方便操作且醒目的位置安装急停装置。按下急停按键，铺布机应停止运行；在急停装置复位前，通过其他启动装置应不能启动铺布机。急停装置的颜色为红色。

（2）安全防护罩：铺布机传动部分应有防护罩。

（3）保护连接。

（4）产品的所有外露可导电部分都应连接到保护连接电路上。

（5）产品的电源引入端连接外部保护导线的端子应使用接地⏚或PE标识，外部保护导线的最小截面应符合表5–5的规定。

表5–5　外部保护导线的最小截面

设备供电相线的截面积S/mm^2	外部保护导线的最小截面积S_p/mm^2
$S \leqslant 16$	S
$16 < S \leqslant 35$	16
$S > 35$	$S/2$

（6）所有保护导线应进行端子连接，且一个端子只能连接一根保护线。每个保护导线接点都应有标记，符号为接地⏚或PE（符号优先），保护导线应采用黄/绿双色导线，且应采用铜导线。

（7）应保证保护连接接电路的连续性符合GB/T 24342—2009的要求，保护总接地端子PE到各测点间的实测电压降不应超过表5–6所规定的值。

表5-6　保护总接地端子PE到各测点间的实测电压降

被测保护导线支路最小有效截面积/mm²	最大的实测电压降（对应测试电流为10A的值）/ V
1.0	3.3
1.5	2.6
2.5	1.9
4.0	1.4

注：被测保护导线支路最小有效截面积小于1.0mm²时，最大的实测电压降（对应测试电流为10A的值）不大于3.3V。

（8）禁止开关电器件接入保护连接电路。

5.6.1　绝缘电阻

在交流供电输入端和保护连接电路间施加DC500V时，测得的绝缘电阻不应小于1MΩ。

5.6.2　耐电压强度

产品的交流电源输入端与PE端之间应能经受交流1kV（50Hz）、持续5s的耐压试验（工作在或低于PELV电压的电路除外），并无电击穿或闪络现象。

5.7　铺布机技术参数和配置

5.7.1　技术参数

铺布机技术参数见表5-7。

表5-7　铺布机技术参数

设备型号	Y5S-160	Y5S-190	Y5S-210	Y5S-260	Y5S-310
铺布宽度/mm	1600	1900	2100	2600	3100
最大布料重量/kg	80	80	80	110	110
最大卷布直径/ mm	450（最大可定制至800）				
最大驱动速度/(m/min)	106				
单拉最大高度/mm	230（可加高至300）				
双拉最大高度/mm	160				
电源功率	1P 220V/50Hz 1kW				
电源要求	单相交流220V 50Hz 15A				
裁板宽度/mm	1830	2130	2330	2830	3330
机器尺寸（长×宽×高）/mm	1900×2300×1250	1900×2600×1250	1900×2800×1250	1900×3300×1250	1900×3800×1250
机器重量/kg	400	415	425	475	510

5.7.2 机器配置

（1）匹布分层展布装置。根据客户需求。

（2）移/固折器。根据客户需求，需进行测试；不能有针板压不住现象；配件不能少。

（3）拨边装置。一次拨边标配，二次拨边、三次拨边装置配置根据客户需求。

（4）圆筒布配置。根据客户需求。

（5）压解布滚轮装置。根据客户需求。

（6）电轨型。根据客户需求，3M/2M组合，电轨铜条需打胶水且两端平齐。

（7）吊夹。1.2m配1个，不能少配。

（8）单双拉压布装置。不能有碰裁刀现象，不能有凸杆高低前后不一致，单双拉凸杆与针板壁不能有碰撞。

（9）其他配置。严格按客户订单需求。

5.8 包装资料及防护

5.8.1 包装资料

（1）装箱清单：1份。

（2）出货配件清单：1份，见表5-8。

表5-8 出货配件清单

1	外壳（是否与机器配对，丝印是否清晰符合客户要求）
2	裁刀（是否有单拉压及二次拨边、正反手及标准裁刀，符合客户要求）
3	L铁是否转运顺畅、灵活（是否需要配置L铁，凸杆、滑块是否配齐）
4	底盘是否放置，底盘是否配置正确
5	抬杆、工具箱
6	清单配件
7	对边电动机
8	导向轮
9	上布盖板
10	安全开关盖、备用线（接触器白色端子标识盖是否放）

（3）操作说明书：1份。

（4）设备保养资料：1份。

（5）出厂检验报告：1份。

（6）合格证：1份。

（7）铭牌：1个。

（8）贴箱唛：唛头与指令单、出货通知书相对应。

5.8.2　包装防护

（1）先采用气泡袋或珍珠棉包好电器件，防止碰伤；用缠绕膜缠绕机器四周多层，防碰撞，出货配件采用胶袋加纸箱。

（2）机器放在木托板上，机器与底板固定螺丝安装到位，固定牢固。

（3）盖防雨罩或真空包装。

（4）封外箱，打钉。

5.9　铺布机试验方法

铺布机试验方法如下：

5.9.1　外观质量

在光照度为（600±200）lx光线下，检验距离为300mm，目测判定。

5.9.2　机器性能

5.9.2.1　最大行走速度

试验前，清洁铺布机，设置行走速度为最大值和最大行走长度，机器空载运行，在运行5min内，目测控制面板显示的最大行走速度。

5.9.2.2　最大铺布厚度

使用直尺或卷尺，将切刀装置提升到最高点，测量异形板与台板之间的空间距离。

5.9.2.3　运转噪声

在背景噪声不大于50dB（A）的情况下，在铺布机界面上设定行走长度为4m，将铺布机行走速度设置为60m/min，不设置铺布模式。将声级计用固定架固定在铺布机行走距离中间，距地面1m，距台板边沿1m（声级计的具体位置如图5-1所示），声级计设置为记录最大噪声的模式。机器运行，测量一次往复的最大噪声值。连续测量10次，取算术平均值，然后将声级计放置到该测量位置的对侧，按上述测量方法重复测量，连续测量10次，取算术平均值。计算两侧位置的平均噪声值，取最大值。

5.9.2.4　运行能耗量

试验前，清洁铺布机。设置铺布机行走速度为90m/

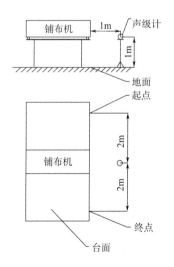

图5-1　噪声测量示意图

min，铺布模式为单拉，行走长度为最大值，连接数字电能测试仪，空载运行15min，记录耗电量，以此计算铺布机每小时耗电量。

5.9.2.5 铺布精度

试验前，放上普通梭织布料（100%棉 21×21/108×58 57"/58"平纹），开启铺布机。在操作面板将铺布长度设置为2m，铺布模式设置为单拉，铺布层数为50层，铺布速度为50m/min，运行机器。铺布完成后，用精度为0.5mm的直尺测量各层横向边沿的最大错开距离X和各层纵向边沿的最大错开距高Y。

5.9.2.6 行走精度

试验前，开启铺布机，在操作面板将铺布长度L设置为5m，铺布模式设置为单拉，铺布层数设置为1层，铺布速度设置为50m/min，向终点方向运行机器，然后选择端点停止，使机器停止在终点位置，并在终点停止的位置做好标记，然后向起点方向运行机器，停止在工作起点做好标记，测量出两标记间的距离L′（实际行走距离），计算出铺布机设置距离L与实际行走距离L′的差值ΔL。连续5次计算出ΔL，取算术平均值。

5.9.3 运行功能

5.9.3.1 自动磨刀

根据铺布布料的不同，在铺布机人机界面设置每隔一定铺布层数磨刀1次，开启自动磨刀装置，目测判定是否会按照设定的磨刀层数进行自动磨刀。

5.9.3.2 自动对边

试验前，先装上试验用布料，开启铺布机，放下面料，将布料覆盖两个对边传感器，启动送布，目测判定机器是否可将布料边缘移动至两个对边传感器中间。

5.9.3.3 参数功能

在正常工作中，按照产品使用说明书在操作界面进行长度、层数、速度、模式（单拉、双拉）等参数的设置和运行测试，目测判定。

5.9.3.4 安全查验

（1）急停装置。在运行过程中按下急停按钮，检查铺布机是否停止运行；在急停装置复位前，通过操作面板启动铺布机，检查铺布机是否意外启动，试验3次，目测判定。目测检查急停装置的位置、颜色、形状及结构。

（2）安全防护罩。目测判定。

（3）安全警示标志。目测判定。

（4）保护连接。按以下方法进行保护连接试验。

① 目测判定。

② 保护导线截面积的测量用精度为0.02mm的游标卡尺，测量线径后按$S=1/4\pi d^2$计算。

③ 按GB/T 24342—2009中6.2规定的试验要求，用保护连接电路连续性测试仪进行保护连接电路的连续性试验。

（5）绝缘电阻。按GB/T 24343—2009中附录A.2绝缘电阻试验步骤进行试验。

① 试验时，将产品电源开关置于接通位置，但其电源输入端不接入电网。

② 试验前，在产品电源输入端，应将不宜承受高电压的电器件暂时断开后，再进行测量。

③ 用绝缘电阻测试仪，在交流供电输入端和保护连接电路间施加DC500V，读取绝缘电阻的数值，测得绝缘电阻值应符合要求。

④ 检验完毕后，用导线对受试产品进行完全放电以保证安全。

（6）耐电压强度。按GB/T 24344—2009中第5章的要求进行试验。

① 将被测产品和测试仪器均放在耐电压强度超过3000V的绝缘工作台或绝缘材料板上。

② 试验时，将产品电源开关置于接通位置，但其电源输入端不接入电网。

③ 试验前在产品电源输入端，应将不宜承受高电压的电器件暂时断开后再进行测量。

④ 测试前仪器的漏电流选择为10mA。

⑤ 在产品交流供电输入端与保护接地端之间施加试验电压时，应在5s内逐渐将试验电压平缓地上升到AC 1000V并保持5s；然后再在5s内，逐渐将试验电压平缓地降低至零后断开电源。

⑥ 试验完毕后，用导线对受试产品进行完全放电以保证安全。

5.10　铺布机检验规则

5.10.1　检验分类

铺布机的检验分为出厂检验和型式检验两种，制造厂应在产品生产中按照本标准的规定进行检验。

出厂检验是指，对正式生产的产品在出厂时必须进行的最终检验，用以评定已通过型式检验的产品在出厂时是否具有型式检验中确认的质量，是否达到良好的质量特性的要求。

型式检验是指，依据产品标准，由质量技术监督部门或检验机构对产品各项指标进行的抽样全面检验。检验项目为技术要求中规定的所有项目。

5.10.2　出厂检验

已定型生产的铺布机，出厂前每台都应通过出厂检验项目的检验，并附有检验合格证。

5.10.3　型式检验

有下列情况之一，需对产品进行全面考核，应进行型式检验：

（1）新产品设计确认前或老产品转厂生产的鉴定。

（2）正式生产后，如设计、工艺有较大改变，可能影响产品性能时。

（3）正常生产1年，应周期性进行1次检验。

（4）产品停产1年后，恢复生产时。

（5）出厂检验结果与上次型式检验有较大差异时。

（6）国家、地方质量监督机构提出进行型式检验的要求时。

5.10.4 不合格分类与检验分类

不合格分类与检验分类见表5-9。

表5-9 不合格分类与检验分类

序号	检验项目		不合格项目分类			检验分类	
			A	B	C	出厂	型式
1	外观质量和结构	涂装件表面			√	√	√
2		电镀件表面			√		
3		发黑件表面			√		
4		外露件表面			√		
5		塑料件表面			√		
6		台板表面			√		
7		框架表面			√		
8		电气线路和接插件			√		
9		连接和布线			√		
10	机器性能	最大行走速度		√		√	√
11		最大铺布高度		√		√	
12		运转噪声		√			
13		运行能耗量		√			
14		铺布精度	√			√	
15		行走精度		√		√	
16	运行功能	自动磨刀		√		√	√
17		自动对边		√		√	
18		参数功能		√		√	
19	安全	急停装置				√	√
20		安全防护罩	√			√	
21		安全警示标志	√			√	
22		保护接地	√			√	
23		绝缘电阻	√			√	√
24		耐电压强度	√			√	

5.10.5 出厂检验规则

5.10.5.1 样本抽取

样本应从生产提交的合格批中随机抽取。

5.10.5.2 抽样方案

正常检验一次抽样方案见表5-10，检验严格度的确定按GB/T 2828.1—2003中第9章规定执行。

表5-10 正常检验一次抽样方案

检验水平			Ⅱ		
抽样方案			正常检验一次抽样		
不合格类别			A	B	C
样本单位项目			7	6	9
接收质量限（AQL）			4.0	15	40
批量	样本量字码	样本量	AcRe	AcRe	AcRe
2~8	A	2	↓	↓	2 3
9~15	B	3	0 1	1 2	3 4
16~25	C	5	↑	2 3	5 6
26~50	D	8	↓	3 4	7 8
51~90	E	13	1 2	5 6	10 11

注 （1）样本单位为每台铺布机。
　　（2）A类的Ac、Re以不合格品计，B、C类的Ac、Re以不合格数计。
　　（3）表中箭头的使用方法见GB/T 2828.1—2003中10.3。

5.10.5.3 可接收性的确定

根据样本检查的结果，若在样本中发现的A类的不合格品数和B、C类的不合格品数，分别小于或等于对应的接收数（Ac），则判该检查批是可接收的。若在样本中发现的A类的不合格品数和B、C类的不合格品数有一类大于或等于对应的不接收数（Re），则判该检查批是不可接收的。

5.10.5.4 不接收批的处置

不接收批的处置应按GB/T 2828.1—2003中7.2的规定执行。

5.10.5.5 不接收批的再提交

不接收批的再提交应按GB/T 2828.1—2003中7.6的规定执行。

5.10.6 型式检验规则

5.10.6.1 样本的抽取

样本应从本周期制造的并经检验合格的某个批或若干批中抽取，并应保证所得到的样本能代表本周期的制造技术水平。

5.10.6.2　抽样方案

抽样方案见表5-11。

表5-11　抽样方案

判别水平	Ⅱ		
抽样方案	一次抽样		
不合格分类	A	B	C
样本单位检验项数	7	8	9
不合格质量水平（RQL）	65	120	150
样本大小	Ac Re	Ac Re	Ac Re
2	0　1	1　2	2　3

注　（1）样本单位为每台铺布机。

（2）A类的Ac、Re以不合格品计，B、C类的Ac、Re以不合格数计。

5.10.6.3　型式检验合格或不合格的判定

根据样本检验的结果，若在样本中发现A类的不合格品数和B、C类不合格数，分列不大于对应的合格判定数（Ac），则判定该批型式检验为合格。若在样本中发现A类的不合格品数和B、C类的不合格数有一类不小于对应的不合格判定数（Re），则判定该批型式检验为不合格。

5.10.6.4　型式检验后的处置

型式检验后的处置按GB/T 2829—2002中5.12的规定执行。

5.11　标志

铺布机标志应包含以下内容：

（1）产品名称和型号。

（2）制造者名称与地址。

（3）产品质量检验合格证明包括：合格证和产品出厂检验表。

（4）产品标准编号。

（5）制造日期（或生产批号）。

5.12　产品使用说明书

产品使用说明书应符合GB/T 9969—2008规定的要求。

5.13　包装、运输和储存

5.13.1　包装

铺布机的包装应符合GB/T 191—2008的规定，包装有开式包装与闭式包装两种：

（1）开式包装要求防潮、防蛀虫，机器外部缠绕气泡膜保护外表；

（2）闭式包装采用药物熏蒸后的木板装订成箱式容器，木板内部隔以防潮物品，机器外部缠绕气泡膜保护外表后，并采用真空包装。内包装采用固定位置的方法，使机器在运输过程中不会滑动。

5.13.2　运输

包装好的铺布机应能适用各种运输方式，运输时应避免长时间阳光直射。运输中货物装卸使用机械臂吊装时，机械臂的承受能力应在3t以上。运输途中应使用系绑工具进行固定，途中严格避免碰撞，中途运转不应存放在露天仓库。运输过程中不应与易燃、易爆、易腐蚀的物品一起装运，不应经受雨、雪和液体物质的淋洗。

5.13.3　储存

铺布机适用于室内储存，环境温度应为−20~45℃，相对湿度应为34%~72%。储存场所内部及附近不应有有害气体、易燃、易爆物品及腐蚀性物品。无强烈的机械振动、冲击和强磁场作用。产品应垫离地面至少10cm，距离墙壁、冷源、窗口或空气入口至少50cm。铺布机的储存为6个月，每个周期结束应进行一次维护检查。

复习思考题

1.铺布机检验分为哪几部分？

2.外观质量需要检查哪些？

3.装配性能检查包括什么内容？

4.铺布机试验方法是什么？

第6章

铺布机的操作与使用

6.1 全自动铺布机操作

全自动铺布机安全防范事项与安全有关的标记说明如下：

（1）触电安全标识，小心该区域可能会触电，危及人身安全。标记如图6-1所示。

（2）设备运行时，小心被卷入机器中，防止造成人身损伤。标记如图6-2所示。

图6-1　触电安全标记　　　　　　　图6-2　防卷入标记

（3）设备运行时，请勿靠近设备的运行区域，防止机器撞击，危及人身安全。标记见图6-3所示。

（4）设备在运行时，请勿将手伸到此区域，以免对人身造成损伤。标记见图6-4所示。

图6-3　防撞击标记　　　　　　　　图6-4　防手伸入标记

（5）请按技术参数上的电源容量的要求来配备电源，过小容量的电源会造成电线发热老化，甚至引起火灾。标记如图6-5所示。

（6）请选择正确的电流保护开关，以免机器跳闸。紧急停止标记如图6-6所示。

（7）不要将机器放在易燃、易爆物附近。不要将机器安装在潮湿环境，以防电路短路。清洁时勿将水洒在机器电路上，以防短路。安装机器的地面应平整夯实。安装环境温度10~32℃，湿度10%~75%。机器周围不要堆放其他杂物，如图6-7所示。

图6-5 小心电源标记　　　　图6-6 紧急停止标记　　　　图6-7 禁止堆放标记

6.1.1 技术参数（Y3S）

相应型号的铺布机技术参数见表6-1~表6-3。

表6-1 Y3S系列技术参数

型号	Y3S-160	Y3S-190
铺布宽度/mm	1600	1900
最大布料重量/kg	80	80
最大卷布直径/mm	450	
最大驱动速度/（m/min）	106	
单拉最大高度/mm	230	
双拉最大高度/mm	160	
功率/kW	1.1	
电源要求	单相交流220V 50Hz 15A	
尺寸（长×宽×高）/mm	1900×2300×1250	1900×2600×1250
机器重量/kg	400	415
裁板宽度/mm	1830	2130

表6-2 Y5S技术参数

型号	Y5S-160	Y5S-190	Y5S-210	Y5S-260	Y5S-310
铺布宽度/mm	1600	1900	2100	2600	3100
最大布料重量/kg	80	80	80	110	110
最大卷布直径/mm	450（最大可定制至800）				
最大驱动速度/（m/min）	106				
单拉最大高度/mm	230（可加高至300）				
双拉最大高度/mm	160				
功率/kW	1.1				
电源要求	单相交流220V 50Hz 15A				
尺寸（（长×宽×高）/mm	1900×2300×1250	1900×2600×1250	1900×2800×1250	1900×3300×1250	1900×3800×1250
机器重量/kg	400	415	425	475	510
裁板宽度/mm	1830	2130	2330	2830	3330

表6-3　Y6S系列技术参数

型号	Y6S-160	Y6S-190	Y6S-210	Y6S-260	Y6S-310
铺布宽度/mm	1600	1900	2100	2600	3100
最大布料重量/kg	80	80	80	110	110
最大卷布直径/mm	450（最大可定制至800）				
最大驱动速度/（m/min）	106				
单拉最大高度/mm	220（可加高至300）				
双拉最大高度/mm	160				
功率/kW	1.1				
电源要求	单相交流220V 50Hz 15A				
尺寸（长×宽×高）/mm	1900×2300×1250	1900×2600×1250	1900×2800×1250	1900×3300×1250	1900×3800×1250
机器重量/kg	400	410	425	475	510
裁板宽度/mm	1830	2130	2430	2830	3330

6.1.2　机器结构及部件

自动铺布机由以下部件组成，如图6-8所示。

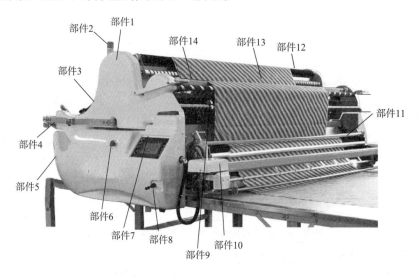

图6-8　铺布机组成

（1）部件1——上主机部分。其功能是面料在机器的存放处，并且在拉布时，对面料进行预先放松抚平处理。

（2）部件2——安全指示警灯。安全指示警灯指示机器的运行状态。

（3）部件3——布斗组件。布斗组件用于存放面料以及对卷筒布预先解布。

（4）部件4——拖布杆组件。在上布时，拖布杆组件把面料从布斗放置到机器前面。

（5）部件5——下主机部分。下主机是整个机器的支撑和主驱动部分。

（6）部件6——急停开关按钮。按下急停开关切断动力电源。

（7）部件7——操作人机面板。机器所有的操作可以在面板上进行，机器的运行参数也是在人机面板上设定。

（8）部件8——手动行走手柄。在机器停止状态下，提起手柄往前或往后，机器可以慢速行走。

（9）部件9——对边电眼装置。将齐边信号反馈给控制系统，使布边在控制系统的驱动下对齐布边。

（10）部件10——切刀组件。切刀可以将布裁断。

（11）部件11——展布装置。该装置可在铺布时把布送出。

（12）部件12——解布装置。该装置将面料预先送至解布槽。

（13）部件13——解布槽装置。解布槽装置为预松面料缓存之处。

（14）部件14——拨边装置。该装置可将卷边面料进行拨边抚平。

6.1.3　开机操作

6.1.3.1　操作按钮介绍

图6-9为操作按钮平面图，相应按钮功能如下：

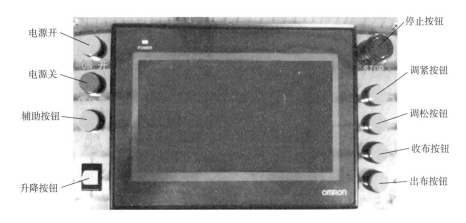

图6-9　操作按钮平面图

（1）电源开。在接通电源之后，按此按钮，机器通电。

（2）电源关。按此按钮，机器断电。

（3）辅助按钮。此按钮是与其他按钮结合在一起使用的功能按钮。

（4）升降按钮。往上拨此按钮则展布装置上升，往下拨则展布装置下降。

（5）出布按钮。按住此按钮则展布轮送布到铺布台板，可与辅助键结合使用。

（6）收布按钮。按住此按钮则展布轮从铺布台板收布回来，可与辅助键结合使用。

（7）调松按钮。按下此按钮则松紧度调松一次，可与辅助键结合使用。

（8）调紧按钮。按下此按钮则松紧度调松一次，可与辅助键结合使用。

（9）停止按钮。按下此按钮则铺布机停机。

6.1.4　人机界面

（1）机器通电后进入开机画面，此时按"确认"按钮进入输入操作密码画面，如图6-10所示。

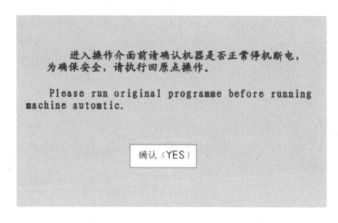

图6-10　操作密码画面

（2）在密码输入区输入操作密码"666888"，按"中文"按钮则进入中文主界面，如图6-11所示。

图6-11　中文主界面

（3）主界面功能介绍。自动铺布机主界面如图6-12所示。相应功能如下：

① 主界面。按"主界面"按钮操作画面进入主界面页。在此画面可以对机器进行机器的手动、自动操作。

② 副界面。按"副界面"按钮操作画面进入副界面页。在此画面中可以对机器的裁剪、对边、拨边进行设置。

③ 参数页。按此键，画面进入参数页，在此页，输入密码后，按"下一页"可进入系统参数设置里。

④ 报警页。按此键进入报警查看画面。

⑤ 前一页。按此键画面返回当前页的上一画面。

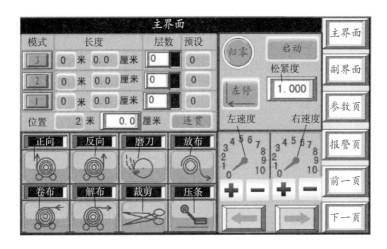

图6-12 主界面

⑥ 下一页。按此键画面进入当前页的下一页。

⑦ 向右。在机器停止时，按此键机器的行走方向变为右向，按住此键1s则机器进入手动右行状态。

⑧ 向左。在机器停止时，按此键机器的行走方向变为左向，按住此键1s则机器进入手动左行状态。

⑨ 右速度。指示向右行走的速度段，按"+"速度往上提，最高10段；当行走的距离不够刹车距离时，速度会下降；按"−"速度往下减，最低为1段。

⑩ 左速度。指示向左行走的速度段，按"+"速度往上提。最高10段，当行走距离不够刹车距离时，速度会下降；按"−"速度往下减，最低为1段。

⑪ 压条。按此键能控制压布条的打开与闭合。

⑫ 裁剪。按此键能控制切刀组件把布切断。

⑬ 解布。按住此键能把布送到解布槽。

⑭ 卷布。按住此键能把布卷回到布斗。

⑮ 正向。按此键可以改变卷布的出布方向为正向。当卷布方向为正向时再按此键可关闭此方向。

⑯ 反向。按此键可以改变卷布的出布方向为反向。当卷布方向为反向时再按此键可关闭此方向。

⑰ 磨刀。在机器停止时按此键可以控制圆刀的运行或停止。

⑱ 放布。按此键可以打开或者关闭放布功能，在拉布时应打开此功能。

⑲ 位置。显示当前的位置。

⑳ 连贯。按此键可以打开或者关闭连贯功能，在连贯状态下，机器会完成模式一的层数后，运行模式二的长度或者模式三的长度。

㉑ 左停。按此键机器运行一次后在零点停止。

㉒ 松紧度。显示当前的松紧度。

㉓ 模式。有三种模式，在每个模式下可以设定当前的长度和层数。机器开机会默认为模式一，按其他模式的键可以进入其他模式。

㉔ 长度。在每个模式的长度里面可以设定铺布的长度（唛架长度）。

㉕ 层数。显示当前已经铺布的层数。长按"层数"可以清零之前的数量。

㉖ 预设。在此处设定所需的铺布层数。

㉗ 归零。在机器停止状态下长按此键，机器进入回原点运行中，回原点结束后，才可进行自动运行。

㉘ 启动。当准备工作做好之后，按此键机器可以自动运行。

（4）副界面功能介绍。自动铺布机副界面如图6-13所示，相应功能如下：

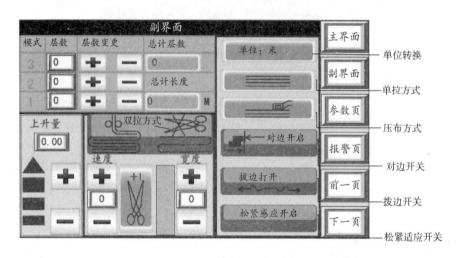

图6-13 副界面

① 单位转换。按住此键5s可以改变副界面中位置显示的单位，单位有公制和英制两种形式。

② 单拉方式。按此键机器进入单拉铺布方式。

③ 压布方式。按此键机器进入前端压布头铺布方式。

④ 双拉方式。按此键机器进入来回放布铺布方式。

⑤ 对边开启。按此键可以控制对边功能的开启和关闭。

⑥ 拨边打开。按此键可以控制拨边功能的开启和关闭。

⑦ 松紧适应开关。按此键可以控制松紧自动调整。

⑧ 层数控制。按"+"则当前模式的层数加1，按"-"则当前模式的层数减1。

6.1.5 操作步骤

（1）将面料抬上布斗，并拉出布头40cm左右搭在拖布杆上。

（2）打开电源，进入主界面，设定好所需的数量、长度、放布方向，并把机器设定到回原点状态（注意：此操作请务必操作）。

（3）在副界面中确定铺布的方式（双拉或单拉）。

（4）根据面料薄厚，调节好上升量（0.04~0.10m），裁剪宽度和裁剪速度。

（5）将稳布杆打开，把拖布杆从布斗拨到机器前端，在拖布杆拨到机器中部时，按住手动解布按钮。

（6）打开压布马头，拨出拖布杆上的销，顺时针转动拖布杆的圆杆，使布从拖布杆滑落到展布滚轮上，按"放布"按钮打开自动放布功能。

（7）压下压布马头，按"出布"按钮，使布从出布滑板滑下，按"裁剪"按钮把布头裁平。

（8）按"启动"，机器进入自动运行中，此时检查布的松紧度，调整松紧度到合适的位置。

6.1.6 常见故障及维护

6.1.6.1 常见故障处理

（1）不能开机？检查电源是否打开，电源线是否脱落，面板上的电源开关是否坏了。

（2）不能自动运行？检查机器是否复位原点，如果没有，先按"回零"后，再按住"自动"1s，等待机器复位后再运行；检查布有无光电，是否感应到布料以及检查刹车开关是否复位。

（3）裁刀不能工作？检查裁刀保险开关是否跳闸或者保险丝烧断以及检查压条感应是否到位。

（4）机器不能回原点？检查原点信号X4是否正常，如果正常，将机器断电，用手推动机器到原点块上，通电，再进行回原点操作。

（5）机器通电后没有其他动作？检查急停开关是否按下，旋开急停；检查驱动器是否报警，关机1min后再通电。

6.1.6.2 日常维护保养

（1）每天给机器除尘，开机前清除行走台及行走轮上的杂物。

（2）自动运行前检查各传感器是否工作正常。

（3）每周检查链条、齿轮、同步轮、链轮等传动部分是否有松动。

（4）对铺布机的传动部分中的主电动机齿轮、主传动链轮等进行定期检查，及时加油保养。

（5）以保证铺布机传动部件能够保持良好润滑状态。

（6）在定期检查中，如发现零部件有严重磨损情况时，必须及时予以拆换。

（7）在日常使用过程中，操作员要经常对铺布机的光电开关、行程开关、继电器以及铺布机中传动部分的螺丝进行检查，这样可以有效保证铺布机长时间有效的工作。

（8）每月检查链条的松紧是否适当，并调节好松紧。

（9）每月给链条与链轮涂润滑油。

6.1.7 电路原理图

6.1.7.1 主电路图
主电路图如图2-30所示。

6.1.7.2 PLC接线图
PLC接线图如图2-29所示。

6.2 YS1松布机操作

6.2.1 松布机技术参数

松布机技术号见表6-4。

表6-4 松布机技术参数

设备型号	YS1-160（210）
松布宽度/mm	1600（2100）
松布速度/(m/min)	0~95
电源电压及功率	220V/370W
机身尺寸（长×宽×高）/mm	2500（3100）×750×1200

6.2.2 机器功能

将卷装布料解开成折叠状，使得张力回收。解开后布料折叠比人工松较为整齐，易于堆放，利于拉布机拉布作业。宽度加长，适合（21.08cm）83英寸以内的各种布匹。

6.2.3 作业程序概要

（1）将三角插头插在交流220V的插座上，在机器的面板上按下电源开关，此时机器通电完成。

（2）将运行杆拨往要运行的方向，此时机器进入运行中，旋转速度钮，将速度调整到合适值。

（3）作业完成后，将运行杆拨往中间，按下电源开关，断开三角插头电源。

6.2.4 注意事项

（1）当机器完全安装好后，手动转动滚筒，使摆布杆运转一周，无异常才可开机。

（2）只允许在铭牌上标示的电压和电流下进行操作。

（3）唯有专业人员才可对电器故障进行排除。

（4）检修机器前，应切断电源。

（5）在移动机台时，当心勿损坏电线。

6.2.5　保养与维修

保养与维修的周期、部位和方法见表6-5。

表6-5　保养与维修的周期、部位及方法

周期	部位	方法
经过约150h或4周后	链条	拆开两护板，检查链条松紧，并做适当调整

6.2.6　故障与检查

故障与检查见表6-6。

表6-6　故障与检查

故障现状	故障部位	检查方法
机器不运转	变频器报警	检查圆头按钮开关接点
	开关损坏	检查线路
异响、异声	链条松紧度不合适	调整零件相对位置
	轴承损坏	更换轴承

6.2.7　变频器参数设定表

变频器参数设定见表6-7。

表6-7　变频器参数设定

顺序	设定值	功能
F0.00	4	VCI模拟设定
F0.02	4	端子运行命令控制（STOP有效）
F0.08	5.0	加速时间
F0.09	5.0	减速时间
F0.10	60.0	上线频率
F7.03	60.0	模拟量最大给定频率

6.3 YS3上布机操作

6.3.1 技术参数

上布机技术参数见表6-8。

表6-8 上布机技术参数

型号	YS3-160	YS3-190	YS3-210	YS3-260	YS3-310
最大上布上限/ mm	1400				
最大降布下限/ mm	370				
驱动速度/ (mm/s)	150				
电源功率	三相380V 3kW				
放布台/ mm	1820×650	2120×650	2320×650	2820×650	3320×650
机器尺寸（长×宽×高）/ mm	2000×650×2040	2300×650×2040	2500×650×2040	3000×650×2040	3500×650×2040

6.3.2 操作

（1）将机器连接电源，按下"电源"按钮，机器通电，电源指示灯亮，当不需要机器运行时，再按"电源"按钮，使按钮弹起，机器断电。

（2）按"上升"按钮，放布平台上升到规定的高度停下。

（3）按"下降"按钮，放布平台下降到底部触动下极限行程开关停下。

（4）无论在上升或者下降状态中，按"停止"按钮，放布平台均会停下。

（5）在电控箱内调节时间继电器的时间长短，可以控制上升的高度。

6.3.3 维护

（1）每天检查上升及下降的极限是否正常。

（2）每周检查链轮是否松动。

（3）每月给链条及滑轨加润滑油。

6.3.4 电路附图

电路附图如图6-14所示。

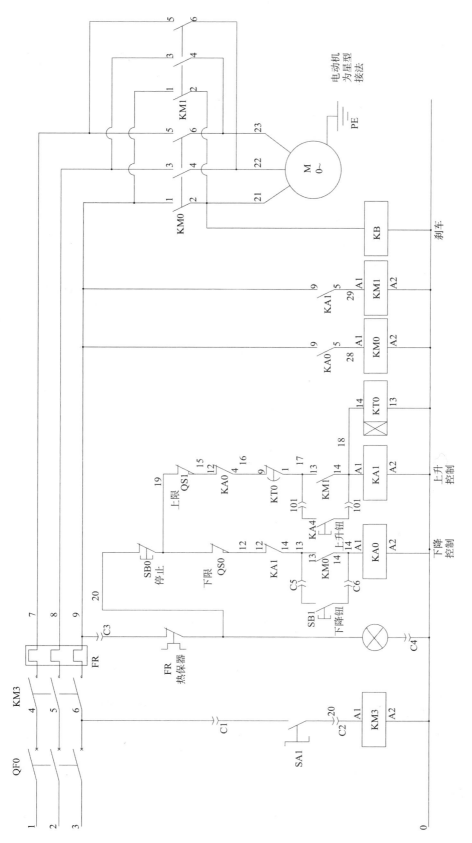

图6-14 电路附图

第7章

铺布机常见故障与维修

7.1 继电器维修

保险跳闸示意图如图7-1所示。

（1）屏幕上方显示"停止开关未复位"，检查刹车开关，停止开关，OP继电器。

（2）显示"对边超越"，上主机对边已到极限位置，有无布感应，没有布料。

（3）显示"压条未到位"，压布铁块没有压住定位开关。

（4）显示人机界面报警，数据线连接不良（21PLC NO Response：00-01-0），点击人机界面没有反应，更换人机界面。

继电器对应电动机电源伺服系统如下。

（1）解布电动机（CM）（图7-2）。

（2）刀行电动机（图7-3）。

图7-1 保险跳闸示意图

F1—电源盒 F2—圆刀电动机 F3—对边电动机
F4—拨边电动机

图7-2 解布电动机

图7-3 刀行电动机

（3）变频器输出电源（U）（图7-4）。

（4）布斗电动机（BD）（图7-5）。

（5）升降电动机（FUFD）（图7-6）。

（6）压布电动机（PD）（图7-7）。

（7）对边电动机（EREL）（图7-8）。

（8）警示灯（ALM.SB）（图7-9）。

（9）圆刀电动机（CR）（图7-10）。

（10）拨边电动机（EMP）（图7-11）。

图7-4　变频器输出电源

图7-5　布斗电动机

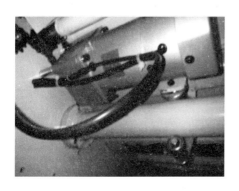

图7-6　升降电动机

图7-7　压布电动机

图7-8　对边电动机

图7-9　警示灯

图7-10　圆刀电动机

图7-11　拨边电动机

（11）行走电动机（图7-12）。

（12）行走伺服（图7-13）。

（13）送布电动机、送布伺服（图7-14）。

图7-12　行走电动机

图7-13　行走伺服

图7-14　送布电动机、送布伺服

7.2 变频器报警

变频器报警的原因及对策见表7-1。

表7-1 变频器报警的原因及对策

故障报警内容及对策			
故障代码	故障类型	可能的故障原因	对策
E001	变频器加速运行过电流	加速时间太短	延长加速时间
		V/F曲线不合适	调整V/F曲线设置，调整手动转矩提升量或者改为自动转矩提升
		对旋转中电动机进行再启动	设置为减速再启动功能
		电网电压低	检测输入电源
		变频器功率太小	选用功率等级大的变频器
E002	变频器减速运行过电流	减速时间太短	延长减速时间
		有势能负载或大惯性负载	增加外接能耗制动组件的制动功率
		变频器功率偏小	选用功率等级大的变频器
E003	变频器恒速运行过电流	负载发生突变或异常	检查负载或减小负载的突变
		加减速时间设置太短	适当延长加减速时间
		电网电压低	检查输入电源
		变频器功率偏小	选用功率等级大的变频器
E004	变频器加速运行过电压	输入电压异常	检查输入电源
		加速时间设置太短	适当延长加速时间
		对旋转中电动机进行再启动	设置为减速再启动功能
E005	变频器减速运行过电压	减速时间太短	延长减速时间
		有势能负载或大惯性负载	增加外接能耗制动组件的制动功率
E006	变频器恒速运行过电压	输入电压异常	检查输入电源
		加减速时间设置太短	适当延长加减速时间
		输入电压异常变动	安装输入电抗器
		负载惯性较大	使用能耗制动组件
E007	变频器控制电源过电压	输入电压异常	检查输入电源或寻求服务
E008	变频器过载	加速时间太短	延长时间加速
		直流制动量过大	减小直流制动电流，延长制动时间
		V/F曲线不合适	调V/F曲线和转矩提升量
		对旋转中的电动机进行再启动	设置为减速再启动功能
		电网电压过低	检查电网电压
		负载过大	选择功率更大的变频器

续表

故障报警内容及对策			
故障代码	故障类型	可能的故障原因	对策
E009	电动机过载	V/F曲线不合适	调整V/F曲线和转矩提升量
		电网电压过低	检查电网电压
		通用电动机长期低速大负载运行	长期低速运行,可选择变频电动机
		电动机过载保护系数设置不正确	正确设置电动机过载保护系数
		电动机堵转或负载突变过大	检查负载
E010	变频器过热	风道阻塞	清理风道或改善通风条件
		环境温度过高	改善通风条件,降低载波频率
		风扇损坏	更换风扇
E011	保留	保留	保留
E012	保留	保留	保留
E013	逆变模块保护	变频器瞬间过流	参见过电流对策
		输出三相有相间短路或接地短路	重新配线
		风道堵塞或风扇损坏	清理风道或更换风扇
		环境温度过高	降低环境温度
		控制板连线或插件松动	检查并重新连线
		输出缺相等原因造成电流波形异常	检查配线
		辅助电源损坏,驱动电压欠压	寻求厂家或代理商服务
		控制板异常	寻求厂家或代理商服务
E014	外部设备故障	非操作键盘运行方式下,使用急停键	查操作方式
		失速情况下使用急停键	正确设置运行参数
		外部故障急停端子闭合	处理外部故障后断开外部故障端子
E015	电流检测电路故障	控制板连线或插件松动	检查并重新连线
		辅助电源损坏	寻求厂家或代理商服务
		霍尔器件损坏	寻求厂家或代理商服务
		放大电路异常	寻求厂家或代理商服务
E016	485通信故障	波特率设置不当	适当设置波特率
		串行口通信错误	按键复位,寻求服务
		故障告警参数设置不当	修改F2.16、F2.17的设置
		上位机没有工作	检查上位机工作与否、接线是否正确
E017	PID断线故障	PID反馈量丢失	检查PID反馈回路接线是否良好
		PID值瞬间变得很小	检查设备是否出现异常
E018	保留	保留	保留
E019	欠压故障	欠压	检查现场输入电压
E020	系统干扰	干扰严重	按键复位或在电源输入侧外加电源滤波器
		主控板DSP读写错误	按键复位,寻求服务

续表

故障报警内容及对策			
故障代码	故障类型	可能的故障原因	对策
E021	保留	保留	保留
E022	保留	保留	保留
E023	E² PROM读写错误	控制参数的读写发生错误	键复位寻求厂家或代理商服务
P.OFF	欠压故障	欠压	检查现场输入电压

7.3 驱动器报警

驱动器报警原因与处理措施见表7-2。

表7-2 驱动器报警原因与处理措施

报警代码	报警信息	报警原因	处理措施
FFF.F/800.0	未配置电动机	未配置电动机	请参考《伺服驱动器选配电动机使用指南》
000.1	驱动器内部错误	驱动器内部问题	联系厂家
000.2	编码器ABN信号错误	ABN信号线断或者接错钱	检查编码器线
000.4	编码器UVW信号错误	UVW信号线断或者接错钱	检查编码器线
000.8	编码器计数错误	编码器线接线错误；外部干扰造成	检查编码器线：排除干扰（采取将电动机动力线接到驱动器SHIELD处等措施）
000.6	编码器错误	编码器ABN和UVW信号同时出错	检查编码器线
001.0	驱动器温度过高	驱动器功率模块超过83℃	检查负载情况以及驱动功率是否满足要求
002.0	驱动器总线电压过高	动力电源电压过高；高速停止场合反馈能量过高	检查动力电源；加制动电阻
004.0	驱动器总线电压过低	动力电源电压过低；先通控制电，后通动力电；急速启动	检查动力电源；先通控制电，后通动力电；减少加速度
008.0	驱动器输出短路	电动机相线短路；驱动器内部问题	检查动力线；联系厂家
010.0	驱动器制动电阻异常	制动电阻实际功率大于额定功率	更换制动电阻
020.0	跟随误差错误	驱动器控制环参数设置不当；负载过大或者卡死；编码器信号问题	设置合适的控制环参数，将位置环速度前馈（b2.08）设为100%，适当增大位置环比例增益（b2.07）及速度环比例增益（b2.01）等；选择更大功率电动机或者检查负载；检查编码器线
040.0	逻辑电压过低	逻辑电压低于18V	请检查24V逻辑电源
080.0	12*T故障	驱动器控制环参数设置不当；引起系统震荡，负载过大或者卡死	设置合适的控制环参数，适当增大速度环比例增益（b2.01）等；选择更大功率电动机或者检查负载
100.0	输入脉冲频率过高	输入脉冲频率超过频率允许的最大值	检查输入脉冲频率以及脉冲频率控制（b3.38）

续表

报警代码	报警信息	报警原因	处理措施
008.0	驱动器输出短路	电动机相线短路；驱动器内部问题	检查动力线；联系厂家
200.0	保留	保留	
400.0	寻找电动机错误	编码器线UVW信号线接线错误	检查编码器线
800.0	EEPROM错误	更新驱动器底层程序造成；驱动器内部问题	初始化参数后保存，再重新启动；联系厂家
888.8	驱动器处于非正常工作状态	逻辑供电电源问题；驱动器内部问题	检查24V逻辑电源；联系厂家

7.4 电动机故障

铺布机上有很多电动机，相应的电动机故障检测流程和常见问题如下。

7.4.1 圆刀电动机

7.4.1.1 检测流程

（1）检测保险座（10A）F2。

（2）检测变压器。

（3）检测电动机运行功能。

（4）测17P公母接头。

（5）检测桥式整流。

（6）检测集电子、线路。

（7）检测继CR电器。

7.4.1.2 常见问题

（1）圆刀不转。

（2）F2保险座跳闸，按F2保险座。

（3）集电子线断、集电子磨损，更换集电子。

7.4.2 刀行电动机

7.4.2.1 检测流程

（1）检测变频器输出。

（2）检测S+、S-（COM3）是否有信号（Yu）。

（3）检测刀行原点。

（4）检测CM继电器。

（5）检测裁刀、电轨。

（6）检测17P公母接头。

（7）检测电动机运行功能。

（8）检测刀行量感应。

（9）检测压定开关是否到位。

7.4.2.2 常见问题

（1）刀行不动。

（2）压线未到位。

（3）刀行原点没有接收信号。

（4）检查变频器是否报警。

（5）刀行行走不规则。刀行量感应距离不一致。

7.4.3 押布电动机

7.4.3.1 检测流程

（1）检测PD继电器。

（2）检测17P公母接头。

（3）检测微动开关是否损坏、掉线。

（4）检测压布形式。

（5）检测电动机运转功能。

7.4.3.2 常见问题

压条未回位：

（1）检查弹簧。

（2）检查压布轴旋转是否灵活。

7.4.4 伺服主电动机（750W）

7.4.4.1 检测流程

（1）检测PD继电器。

（2）检测17P公母接头。

（3）检测微动开关是否损坏、掉线。

（4）检测压布形式。

（5）检测电动机运转功能。

7.4.4.2 常见问题

（1）压条未回位。

①检查弹簧。

②压布轴旋转是否灵活。

（2）不能自动，可以手动，回零。

①检测布料有无感应开关。

②检查刹车开关。

③检查停止开关。

④ 检查电轨、滑车、公母接头电源线接线是否良好。

（3）不能自动，不手动，不回零。

① 检测伺服是否报警。

② 检测伺服焊接点。

③ 检测急停开关。

④ 检测译码器、行走轮、主电动机。

（4）走距离尺寸不对。

① 检测行走轮轴承是否磨损。

② 检测连接器是否松动。

③ 检测行走轮炸裂。

④ 检测行走轮上有杂物需清理。

⑤ 检测行走轮轴心是否磨损。

7.4.5 伺服送布电动机（400W）

7.4.5.1 检测流程

（1）检测送布皮带。

（2）检测送布电动机。

（3）检测送布伺服是否报警。

（4）检测焊接点。

（5）检测送布开关。

（6）检测PLC输出点。

7.4.5.2 常见问题

电动机没有动作：

（1）清除伺服报警。

（2）更换手动送布、吐布开关按钮。

（3）连动皮带断落，应及时更换。

（4）PLC输出点（Y2、Y3）。

7.4.6 布斗电动机

7.4.6.1 检测流程

（1）检测变频器输出。

（2）检测BD继电器。

（3）检测布斗电动机功能。

（4）检测解布手动开关。

（5）检测PLC输出点。

7.4.6.2 常见问题

布斗电动机没有动作，可采取以下措施：

（1）更换BD继电器。

（2）检查布斗电源线是否断开。

（3）更换布斗电动机。

（4）PLC输出点（Y14）输出异常。

（5）更换解布手动开关。

7.4.7 对边电动机

7.4.7.1 检测流程

（1）检测变压器针扎管。

（2）检测EL、ER继电器。

（3）检测对边电动机运转功能。

（4）检测布有无对边电眼。

（5）检测F2保险座。

（6）检测PLC输入、输出点。

7.4.7.2 常见问题

对边电动机不动作、不对边，可采取以下措施：

（1）检查F3保险座是否跳闸损坏。

（2）检查对边电动机是否损坏。

（3）检查界面、晶闸管是否损坏。

7.4.8 解布电动机

7.4.8.1 检测流程

（1）检测变频器输出。

（2）检测CM继电器。

（3）检测解布电动机运转功能。

（4）检测布有无解布电眼。

7.4.8.2 常见问题

故障报警内容及对策见表7-3。

表7-3 故障报警内容及对策

故障代码	故障类型	可能的故障原因	对策
E001	变频器加速运行过电流	加速时间太短	延长加速时间
		V/F曲线不合适	调整V/F曲线设置，调整手动转矩提升量或者改为自动转矩提升
		对旋转中电动机进行再启动	设置为减速再启动功能
		电网电压低	检测输入电源
		变频器功率太小	选用功率等级大的变频器

7.4.9 拨边电动机

拨边电动机运转异常，检测流程如下：

（1）检测EMP继电器。

（2）检测PLC输出点。

（3）检测拨边电动机运转功能。

参考文献

［1］许树文，黄平. 铺布机与自动裁剪系统应用维护［M］.上海：东华大学出版社，2010.

［2］全国缝制机械标准化技术委员会.服装机械　自动铺布机QB/T 4394—2012［S］.北京：中国轻工业出版社，2013.

［3］元一科技实业有限公司自动铺布机操作说明书.

［4］元一科技实业有限公司松布机操作说明书.

［5］元一科技实业有限公司上布机操作说明书.

［6］元一科技实业有限公司提供的部分新产品结构及技术参数资料.

［7］元一科技实业有限公司提供的产品标准.

附录　自动铺布机专业术语

（1）伺服自动铺布机：通过采用触摸屏或其他显示装置对功能、参数进行设定，将控制信息传送给PLC或控制卡等，由PLC或控制卡实现对伺服系统进行控制，使伺服电动机按照设定的功能及参数的指令程序进行活动，带动各功能机构准确对边、送布的一种设备。由于采用计算机装置如PLC、控制卡等，所以称为"自动"或"智能"。采用PLC控制普通电动机的铺布机也可称为自动铺布机。

（2）最大行走速度：铺布机在空载运行中能够达到的最大速度。

（3）平均运行功耗：铺布机在正常运行状况下，每小时所消耗的平均电能。

（4）最大铺布厚度：铺布机在台板上铺布的最大高度。

（5）纵向铺布精度：铺布后，在铺布机运行方向上，各层布料在纵向边沿的最大错开距离。

（6）横向铺布精度：铺布后，在垂直铺布机运行方向上，各层布料在横向边沿的最大错开距离。

（7）自动对边：按照设定的对边精度要求，铺布机能自动调整在铺布机运行垂直方向上铺布的误差，使用时不超过设定的精度。

（8）卷布：以轴为中心，围绕此中心连续转动，形成卷筒形状的布。

（9）匹布：以一定宽度逐层折叠，形成一匹长方体的布。

（10）单拉：铺布机从起始点开始铺布，到达终点停止，切刀将布切断，然后反向运动到起始点，反向运行期间并不铺布，从起始点再开始铺布，不断重复以上过程，直到达到所铺布层数的过程。

（11）双拉：铺布机从起始点开始铺布，到达终点停止，并不将布切断，然后反向铺布到起始点停止，也不切断布，再正向铺布到终点停止，不断重复以上过程，直至达到要求铺布层数的过程。